Berichte aus der Steuerungs- und Regelungstechnik

Günter Roppenecker / Boris Lohmann (Hrsg.)

Methoden und Anwendungen der Regelungstechnik

Erlangen-Münchener Workshops 2007 und 2008

Shaker Verlag
Aachen 2009

Bibliografische Information der Deutschen Nationalbibliothek
Die Deutsche Nationalbibliothek verzeichnet diese Publikation in der Deutschen Nationalbibliografie; detaillierte bibliografische Daten sind im Internet über http://dnb.d-nb.de abrufbar.

Printed in Germany.

ISBN 978-3-8322-8189-2
ISSN 0945-1005

Shaker Verlag GmbH • Postfach 101818 • 52018 Aachen
Telefon: 02407 / 95 96 - 0 • Telefax: 02407 / 95 96 - 9
Internet: www.shaker.de • E-Mail: info@shaker.de

Vorwort

Die Lehrstühle für Regelungstechnik der Universität Erlangen-Nürnberg und der Technischen Universität München führen jährlich einen

Workshop zu Methoden und Anwendungen der Regelungstechnik

durch, bei dem durch Vorträge und reichlich Diskussionsmöglichkeit der wissenschaftliche Austausch zwischen den Lehrstühlen gepflegt und gefördert wird. Dabei werden neben Übersichtsvorträgen insbesondere aktuelle Ergebnisse der einzelnen Forschungsrichtungen, aber auch Beiträge zu offenen Fragen und neuen Forschungsideen präsentiert.

Der vorliegende Band enthält eine Auswahl von Beiträgen zu den Workshops 2007 und 2008 und gibt so einen Einblick in die aktuellen Arbeitsgebiete der Lehrstühle und die erreichten Ergebnisse.

Für die Übernahme der verschiedenen organisatorischen und redaktionellen Aufgaben zur Erstellung des vorliegenden Bandes danken wir Herrn Dr.-Ing. Klaus Schmidt. Weiterhin sei das angenehme Umfeld am Tagungsort, dem idyllisch gelegenen Bistumshaus Schloss Hirschberg bei Beilngries, erwähnt, das wie in den Jahren zuvor sehr zum Gelingen der Workshops 2007 und 2008 beigetragen hat.

Im April 2009

Günter Roppenecker
Lehrstuhl für Regelungstechnik
Universität Erlangen-Nürnberg

Boris Lohmann
Lehrstuhl für Regelungstechnik
TU München

Inhaltsverzeichnis

Zustands- und Parameterschätzung für nichtlineare Networked Control Systems 1

Peter Philipp, München

Reduktion von Spillover für lineare verteilt-parametrische Systeme 15

Christian Harkort und Joachim Deutscher, Erlangen

Efficient Order Reduction of Parametric and Nonlinear Models by Superposition of Locally Reduced Models 27

Boris Lohmann und Rudy Eid, München

On the stability of Krylov-based order reduction using invariance properties of the controllability subspace 37

Rosa Castañé-Selga, Rudy Eid und Boris Lohmann, München

Stabilisierung nichtlinearer Systeme mit Zustandsbeschränkungen mittels SOS-Programmierung 47

Markus Bäuml und Joachim Deutscher, Erlangen

Steuerung eines exothermen Plug-Flow-Reaktors mit flachheitsbasierten Methoden 61

Franz J. Winkler, München

Velocity-Based Design für die Regelung von aktiven Radaufhängungen 75

Michael Herrnberger, München

Wheel load adaptive control of an active quadricycle suspension system 95

Guido Koch, München

Antriebskoordinator am Beispiel eines Parallelhybridfahrzeugs 109

Andreas Michalka, Erlangen

Extending the Discrete Event Systems Library libFAUDES 121

Thomas Moor, Sebastian Perk und Klaus Schmidt, Erlangen

Zustands- und Parameterschätzung für nichtlineare Networked Control Systems

Peter Philipp
Lehrstuhl für Regelungstechnik, Technische Universität München
Boltzmannstr. 15, 85748 Garching
E-Mail: peter.philipp@tum.de

In dieser Arbeit wird ein Beobachterentwurf zur Zustands- und Parameterschätzung für abgetastete nichtlineare Systeme vorgestellt, bei denen der Sensor eine unsynchronisierte Uhr besitzt. Die Messdaten werden dabei zusammen mit den relativen Zeitstempeln als Pakete über ein Kommunikationsnetzwerk an den Beobachter gesendet. Diese Pakete erfahren zufällige und variable Totzeiten, oder können gar gänzlich ausfallen. Unter Zuhilfenahme einer festen Anzahl an Paketen, sowie den Modellgleichungen, kann das Beobachtungsproblem als Optimierungsproblem formuliert und gelöst werden. Abschließend wird dieses Beobachterverfahren auf einen nichtlinearen Rührkesselreaktor angewandt.

1 Einleitung

Fortschritte im Bereich der Kommunikationstechnik eröffnen die Möglichkeit, verteilte Networked Control Systems (NCS) zu entwerfen, bei denen die Kommunikation zwischen den einzelnen Elementen (z.B. zwischen Sensor und Regler oder Regler und Aktor) über ein gemeinsames funkbasiertes Datennetzwerk (z.B. WLAN) erfolgt. Dadurch können neue flexible Strukturen realisiert werden, die einerseits die Installations- und Wartungskosten durch den Wegfall der drahtgebundenen Kommunikationsleitungen senken und andererseits neue regelungstechnische Konzepte ermöglichen. Einer der größten Nachteile von NCS ist die Tatsache, dass die gesendeten Datenpakete variablen und zufälligen Totzeiten sowie Datenverlusten unterliegen. Es ist deswegen ratsam, beide Phänomene explizit im Regelungsentwurf zu berücksichtigen, z.B. durch Einsatz entsprechender Beobachter, die die angesprochenen Auswirkungen der Datenübertragung kompensieren und darüber hinaus die nicht messbaren Zustände und Parameter schätzen können.
Für den klassischen Fall, d.h. nichtlineare Zustandsschätzung ohne Netzwerkeinflüsse, existieren viele verschiedene Ansätze. Dabei gewinnen die sogenannten Moving Horizon Estimator (MHE) [RRM03] für das hier betrachtete Problem an Bedeutung, insbesondere die unconstrained Moving Horizon Observer (MHO), die Newtons Algorithmus oder entsprechende Modifikationen verwenden. In [Zim97, MM95] wurde je ein MHO für zeitkontinuierliche Messungen vorgeschlagen. Beide Konzepte basieren auf der Idee der Echtzeitminimierung einer Gütefunktion auf einem Beobachtungshorizont. Für den zeitdiskreten Fall wurde eine Methode in [MG95] vorgestellt, die das Beobachtungsproblem als Lösung eines Satzes algebraischer Gleichungen formuliert. Ein weiterer Newton-basierter MHO wurde in [Vor03] vorgestellt, der die Ideen aus [Zim97] aufgreift, und für den zeitdiskreten Fall erweitert.
Aufbauend auf diesen Ideen, besteht das Ziel dieses Beitrags darin, einen Beobachter für Zustands- und Parameterschätzung für abgetastete nichtlineare NCS zu entwerfen, der zufällige und variable Totzeiten der Pakete sowie Packetausfälle zwischen Sensor und Beobachter explizit berücksichtigt. Das Beobachtungsproblem wird zusätzlich durch die Tatsache erschwert, dass der Sensor über keine synchronisierte Uhr verfügt, und deshalb mit Hilfe der eigenen Uhr einen relativen Zeitstempel generiert.

Dabei ist der Rest des Beitrag wie folgt strukturiert: In Kapitel 2 erfolgt neben der formalen Problembeschreibung auch die Erläuterung der verwendeten Notation. Diese werden in Kapitel 3 benötigt, um das Beobachtungsproblem als mathematisches Optimierungsproblem formulieren zu können. Eine Übersicht über unrestringierte Optimierungsverfahren (Line-Search Methoden vs. Trust-Region Verfahren) in Kapitel 4 ermöglicht die Umformulierung und damit die Lösung des Optimierungsproblems mittels dem Gauß-Newton bzw. dem Levenberg-Marquardt Verfahren. Simulationsergebnisse an einem nichtlinearen Rührkesselreaktor werden in Kapitel 5 präsentiert, bevor der Beitrag in Kapitel 6 mit einer Zusammenfassung endet.

2 Problembeschreibung

Gegeben sei die NCS Struktur aus Abb. 1. Die Strecke genügt folgender nichtlinearer Systemgleichung

$$\dot{\mathbf{x}}(t) = \mathbf{f}(\mathbf{x}(t), \mathbf{a}, \mathbf{u}(t)) \tag{1a}$$

$$\mathbf{x}(0) = \mathbf{x}_S \tag{1b}$$

$$y(t) = h(\mathbf{x}(t)) \tag{1c}$$

mit dem Zustandsvektor $\mathbf{x} \in \mathbb{R}^n$, dem Parametervektor $\mathbf{a} \in \mathbb{R}^q$, dem Eingangsvektor $\mathbf{u} \in \mathbb{R}^m$ und dem Ausgang $y \in \mathbb{R}$. Der Anfangswert des Zustandsvektors zur Zeit $t = 0$ sei $\mathbf{x}_S \in \mathbb{R}^n$. Für die Funktionen $\mathbf{f} : \mathbb{R}^n \times \mathbb{R}^q \times \mathbb{R}^m \mapsto \mathbb{R}^n$ und $h : \mathbb{R}^n \mapsto \mathbb{R}$ gelte: $\mathbf{f}, h \in \mathcal{C}^r$, mit $r \geq 1$.

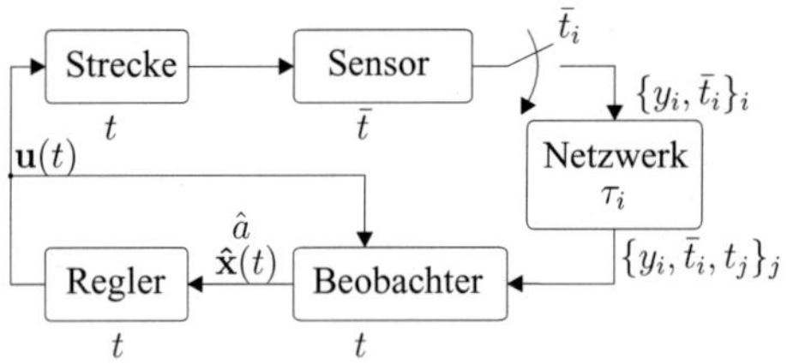

Abbildung 1: Struktur des Networked Control Systems (NCS)

Das Kommunikationsnetzwerk befindet sich zwischen Sensor und Beobachter. Es wird angenommen, dass das Netzwerk als Kanal aufgefasst werden kann, das Pakete, bestehend aus reellen Zahlen, übermittelt, und dass diese Pakete zufällig ausfallen können. Diese Annahme ist gerechtfertigt, wenn die Anzahl an Bits pro Paket ausreichend groß ist, so dass Quantisierungseffekte vernachlässigt werden können, nicht aber Paketverluste. Zudem erfährt jedes Paket eine zufällige und variable Totzeit $\tau_i \geq 0$, was zu Paketüberholvorgängen führen kann.
Die Strecke, der Regler und der Beobachter sind zeitsynchronisiert, d.h. sie besitzen eine globale Zeit t. Der Sensor hingegen besitzt keine drahtgebundene Verbindung zu diesen Elementen, und somit auch keine globale Zeit. Deshalb verwendet er seine eigene unsynchronisierte lokale Zeit $\bar{t}$. Die Beziehung zwischen den einzelnen Zeiten wird wie folgt angenommen

$$t = \bar{t} + t_o, \tag{2}$$

wobei t_o der unbekannte Zeitversatz ist. Zudem tastet der Sensor den Ausgang $y(t)$ nichtäquidistant ab, indem er z.B. eine Kombination aus zeit- und ereignisbasierter Abtaststrategie benutzt. Die abgetasteten Messwerte y_i werden zusammen mit den relativen Zeitstempeln $\bar{t}_i$, die

den Abtastzeitpunkt indizieren, als einzelne Pakete der Form $\{y_i, \bar{t}_i\}_i$ durch das Kommunikationsnetzwerk geschickt. Falls keine Paketverluste auftreten, kommen diese Pakete nach den unbekannten und zufälligen Totzeiten τ_i zu den Zeitpunkten t_j am Beobachter an. Aufgrund der Tatsache, dass diese Totzeiten τ_i variabel sind, kann es zu Paketüberholvorgängen kommen, so dass die Ankunftssequenz anders als die Sendereihenfolge ist (daraus folgt der andere Index j, der eine chronologische Nummerierung anhand der jeweiligen Uhren impliziert).
Das Ziel besteht nun darin, aus der Folge der 3-Tupel $\{y_i, \bar{t}_i, t_j\}$, zusammen mit dem Eingangsvektor $\mathbf{u}(t)$, den aktuellen Zustandsvektor $\mathbf{x}(t)$, den unbekannten Parametervektor a sowie den unbekannten Zeitversatz t_o zu schätzen.

3 Formulierung des Beobachtungsproblems als Optimierungsproblem

Die unterschiedlichen Zeiten, sowie die Einflüsse der Netzwerkeffekte, sind in Abb. 2 visualisiert. Ein Kreuz auf der oberen Zeitachse $\bar{t}$ des Sensors repräsentiert ein Paket mit dem abgetasteten Messwert y_i zur Zeit $\bar{t}_i$. Diese Situation kann mit Hilfe von (2) auch in der globalen Zeit t dargestellt, und auf der mittleren Zeitachse betrachtet werden. Zu den Zeiten $t_j - \tau_j$, die äquivalent zu den Zeiten $\bar{t}_i + t_o$ sind, wird das entsprechende Paket über das Kommunikationsnetzwerk abgeschickt und erreicht, falls kein Paketverlust auftritt, zur Zeit t_j den Beobachter. Zwei sich schneidende Pfeile weisen auf einen Paketüberholvorgang hin.

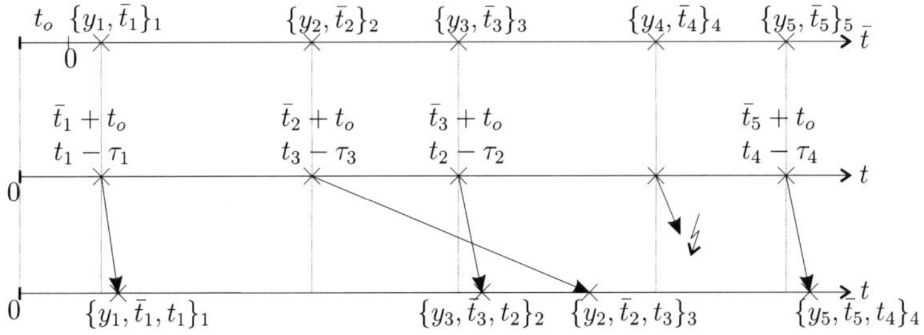

Abbildung 2: Illustration der verschiedenen Zeiten sowie der Netzwerkeinflüsse

Bei bekanntem Zeitversatz t_o könnten alle Totzeiten τ_j berechnet werden

$$\tau_j = t_j - \bar{t}_i - t_o. \tag{3}$$

Die zeitdiskretisierten Messwerte y_i der Strecke (1) in der globalen Zeit t können als

$$\mathbf{x}_{i+1} = \mathbf{x}_i + \int_{\bar{t}_i+t_o}^{\bar{t}_{i+1}+t_o} \mathbf{f}(\mathbf{x}(t), \mathbf{a}, \mathbf{u}(t))dt \tag{4a}$$

$$\mathbf{x}_0 = \mathbf{x}_S \tag{4b}$$

$$y_i = h(\mathbf{x}_i) \tag{4c}$$

geschrieben werden. Damit ist die Folge der 3-Tupel $\{y_i, \bar{t}_i, t_j\}$ definiert.
Der nächste Schritt um das Beobachtungsproblem als Optimierungsproblem formulieren zu können, besteht in der Einführung eines bewegten Horizonts der Länge $N+1$, um die Pakete in

eine chronologische Reihenfolge zu bringen. Dazu werden die ersten $N+1$ Pakete, die am Beobachter ankommen, anhand der relativen Zeitstempel sortiert und nummeriert, hier beispielhaft die Pakete aus Abb. 2 mit $N+1=4$

$$\begin{pmatrix} \{y_1,\bar{t}_1,t_1\}_1 \\ \{y_3,\bar{t}_3,t_2\}_2 \\ \{y_2,\bar{t}_2,t_3\}_3 \\ \{y_5,\bar{t}_5,t_4\}_4 \end{pmatrix} \xrightarrow{\text{Sortierung}} \begin{pmatrix} \{y_1,\bar{t}_1,t_1\}_1 \\ \{y_2,\bar{t}_2,t_3\}_3 \\ \{y_3,\bar{t}_3,t_2\}_2 \\ \{y_5,\bar{t}_5,t_4\}_4 \end{pmatrix} \xrightarrow{\text{Nummerierung}} \begin{pmatrix} \{y_1,\bar{t}_1,t_1\}_1 \\ \{y_2,\bar{t}_2,t_3\}_2 \\ \{y_3,\bar{t}_3,t_2\}_3 \\ \{y_5,\bar{t}_5,t_4\}_4 \end{pmatrix} \tag{5}$$

Sobald ein weiteres Paket eintrifft, erfolgt die Sortierung und die fortlaufende Nummerierung analog. Anschließend wird das erste Paket im Horizont, also das Paket mit dem geringsten relativen Zeitstempel, gelöscht. Der Vorteil dieses bewegten Horizonts besteht zum einen darin, den Paketüberholvorgängen entgegen zu wirken, und zum anderen, die Länge des Horizonts, und damit den Speicheraufwand, konstant zu halten. Dies wird sich später vorteilhaft auf die Optimierung auswirken. Falls das neu angekommene Paket zugleich das erste Paket nach der Sortierung sein sollte, so wird dieses Paket als Paketverlust deklariert.
Im folgenden werden Notationen der Form $\hat{\mathbf{x}}_{j|k}$ auftauchen. Das Symbol "ˆ" über einer Variablen bedeutet, dass es sich um einen Schätzwert der selbigen zum Abtastzeitpunkt im j-ten Paket handelt, bezogen auf den sortierten $(k-N)$-ten Horizont. Am Beispiel von (5) bedeutet $\hat{\mathbf{x}}_{4|4}$, dass es sich um einen Schätzwert von $\mathbf{x}$ zum Abtastzeitpunkt $\bar{t}_5+t_o$ bzw. $t_4-\tau_4$ handelt, basierend auf Informationen im $4-3=1$-ten Horizont.
Mit Hilfe dieser Vorüberlegungen lässt sich das Beobachtungsproblem wie folgt als Optimierungsproblem schreiben:

$$\min_{\substack{\hat{\mathbf{x}}_{k-N|k}\\ \hat{t}_o \\ \hat{a}}} \Phi_k = \sum_{j=k-N}^{k} r_{j|k} R_j^{-1} r_{j|k} \tag{6}$$

mit den Nebenbedingungen

$$\hat{\mathbf{x}}_{j+1|k} = \hat{\mathbf{x}}_{j|k} + \int_{\bar{t}_i+\hat{t}_o}^{\bar{t}_{i+1}+\hat{t}_o} \mathbf{f}(\hat{\mathbf{x}}(t),\hat{\mathbf{a}},\mathbf{u}(t))\,dt,\; j=k-N,\ldots,k-1 \tag{7a}$$

$$\hat{\mathbf{x}}_{k-N|k} = \hat{\mathbf{x}}_{k-N|k-1} \tag{7b}$$

$$r_{j|k} = y_j - h(\hat{\mathbf{x}}_{j|k}),\; j=k-N,\ldots,k \tag{7c}$$

und den Anfangsbedingungen

$$\hat{\mathbf{x}}_{0|N} = \hat{\mathbf{x}}_S, \quad \hat{t}_o = \hat{t}_S, \quad \hat{\mathbf{a}} = \hat{\mathbf{a}}_S \tag{8}$$

Die Idee ist dabei, zuerst die unbekannten Parameter $\hat{\mathbf{x}}_{k-N|k}$, $\hat{t}_o$ und $\hat{\mathbf{a}}$ für den aktuellen Beobachtungshorizont zu finden, und anschließend mit den optimalen Werten das System bis zum aktuellen Zeitpunkt zu simulieren und damit den aktuellen Zustandsvektor zu schätzen.
Die zu minimierende Gütefunktion Φ_k (6) besteht aus der gewichteten quadratischen Summe der Differenzen zwischen gemessenen und simulierten Messwerten des Systems, bezogen auf den aktuellen Horizont. Die Gewichtungsfaktoren R_i^{-1} für den Eingrößenfall, d.h. nur ein Sensor, erlaubt die Priorisierung der einzelnen Pakete. Die Nebenbedingungen (7) stellen zum einen die Bestimmungsgleichungen für die zeitdiskretisierten Messwerte y_i aus (4) dar, und zum anderen legen sie den Startwert für den Anfangswert $\hat{\mathbf{x}}_{k-N|k}$ auf dem Horizont fest (7b). Die Anfangswerte $\hat{\mathbf{x}}_S$ und $\hat{\mathbf{a}}_S$ müssen vorgegeben werden, der Anfangswert $\hat{t}_S$ hingegen nicht.

Dieser kann aus den Informationen in den ersten $N+1$ Paketen, und optional über die Vorgabe einer geschätzten mittleren Totzeit τ_m des Netzwerks, wie folgt für die erste Optimierung generiert werden:

$$\hat{t}_S = \min\left\{\frac{1}{N+1}\sum_{j=1}^{N+1}\tilde{t}_j - \tau_m, \tilde{t}_1, \cdots, \tilde{t}_{N+1}\right\}, \quad \text{s.t. } \tilde{t}_j = t_j - \bar{t}_i. \tag{9}$$

Für jeden neuen Horizont, d.h. mit Ankunft eines neuen, nicht als Paketausfall deklarierten Pakets, wird das Optimierungsproblem erneut gelöst; allerdings mit verbesserten Startwerten gegenüber dem vorherigen Optimierungsdurchgang, da die neuen Startwerte auf den Ergebnissen der vorherigen Optimierung basieren.

4 Lösung des Optimierungsproblems

4.1 Unrestringierte Optimierungsverfahren

Ein unrestringiertes Optimierungsproblem ist definiert als

$$\min_{\mathbf{z}} \Phi(\mathbf{z}), \tag{10}$$

mit $\mathbf{z} \in \mathbb{R}^n$, $\Phi : \mathbb{R}^n \to \mathbb{R}$. Um dieses Optimierungsproblem zu lösen, existieren viele verschiedene Verfahren, die ausgehend von einem Startwert $\mathbf{z}_0$ eine Iterationsfolge $\{\mathbf{z}_i\}_{i=0}^{\infty}$ generieren. Diese wird terminiert, wenn entweder kein weiterer Fortschritt erreicht werden kann, oder wenn eine Lösung mit ausreichender Genauigkeit approximiert wurde. Dabei lassen sich die Algorithmen in zwei unterschiedliche Ansätze unterteilen: die Line-Search Verfahren und die Trust-Region Verfahren. Sie unterscheiden sich in der Art und Weise, wie sie ausgehend von dem aktuellen Punkt $\mathbf{z}_i$ zu dem nächsten Punkt $\mathbf{z}_{i+1}$ fortschreiten. Beide Verfahren verwenden im i-ten Iterationsschritt ein Modell $m_i(\cdot)$ von der ursprünglichen Funktion $\Phi(\cdot)$.

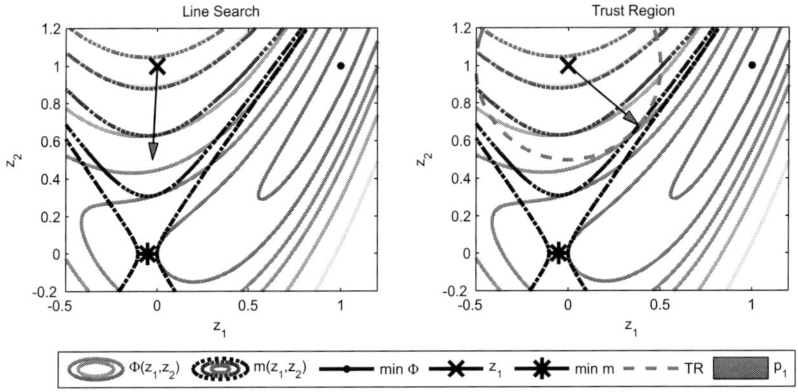

Abbildung 3: Line-Search Verfahren vs. Trust-Region Methoden

Line-Search Algorithmen (s. Abb. 3 links) bestimmen anhand des Modells m_i eine Suchrichtung $\mathbf{p}_i$ durch Lösen des Minimierungsproblems

$$\min_{\mathbf{p}_i} m_i(\mathbf{z}_i + \mathbf{p}_i). \tag{11}$$

Anschließend wird ausgehend von dem aktuellen Punkt $\mathbf{z}_i$ entlang der gefundenen Suchrichtung $\mathbf{p}_i$ ein neuer Punkt $\mathbf{z}_{i+1}$ mit einem geringeren Funktionswert $\Phi(\cdot)$ gesucht. Die Schrittweite λ_i, die angibt, wie weit in diese Richtung gegangen werden soll, wird als näherungsweise Lösung des eindimensionalen Minimierungsproblems

$$\min_{\lambda_i > 0} \Phi(\mathbf{z}_i + \lambda_i \mathbf{p}_i) \tag{12}$$

berechnet. Der nächste Schritt ist damit durch

$$\mathbf{z}_{i+1} = \mathbf{z}_i + \lambda_i \mathbf{p}_i \tag{13}$$

bestimmt.
Trust-Region Verfahren (s. Abb. 3 rechts) tragen der Tatsache Rechnung, dass dem Modell m_i nur in einem gewissen Gebiet, der sogenannten Trust-Region, vertraut werden darf. Die Suchrichtung $\mathbf{p}_i$ wird deshalb durch Lösen des folgenden Minimierungsproblems

$$\min_{\mathbf{p}_i} m_i(\mathbf{z}_i + \mathbf{p}_i), \quad \text{s.t. } \|\mathbf{D}_i \mathbf{p}_i\|_2 \leq \Delta_i. \tag{14}$$

bestimmt. Damit ist nicht nur die Suchrichtung, sondern auch die Schrittweite festgelegt, so dass sich der nächste Schritt direkt aus

$$\mathbf{z}_{i+1} = \mathbf{z}_i + \mathbf{p}_i \tag{15}$$

ergibt.

4.2 Bestimmung des Modells m_i

Zunächst wird die Gütefunktion Φ_k (6) im k-ten Beobachtungshorizont durch Einführung von

$$\mathbf{r}_k = \begin{pmatrix} r_{k-N|k} \\ r_{k-N+1|k} \\ \vdots \\ r_{k|k} \end{pmatrix}, \mathbf{W}_k = \begin{bmatrix} R_{k-N}^{-1} & & \\ & \ddots & \\ & & R_k^{-1} \end{bmatrix}, \tag{16}$$

umformuliert zu

$$\Phi_k = \mathbf{r}_k^T \mathbf{W}_k \mathbf{r}_k. \tag{17}$$

Im folgenden wird die Optimierung auf einem festen Beobachtungshorizont betrachtet, bei der die Indizes $j|k$ konstant bleiben und deshalb aus Übersichtsgründen weggelassen werden. Der Index i steht im weiteren für den i-ten Iterationsschritt innerhalb der Optimierung auf dem Beobachtungshorizont. Die Optimierungsvariablen sowie dessen Änderungen im i-ten Optimierungsschritt werden zu den Vektoren

$$\mathbf{z}_i = \begin{pmatrix} \hat{\mathbf{x}}_{k-N|k} \\ \hat{t}_o \\ \hat{\mathbf{a}} \end{pmatrix}, \mathbf{p}_i = \begin{pmatrix} \boldsymbol{\Delta}\hat{\mathbf{x}}_{k-N|k} \\ \Delta\hat{t}_o \\ \boldsymbol{\Delta}\hat{\mathbf{a}} \end{pmatrix} \tag{18}$$

zusammengefasst.
Durch eine Taylorreihenentwicklung von Φ (17) um den Optimierungsvektor $\mathbf{z}_i$ mit Abbruch nach dem quadratischen Glied liefert das Modell m_i

$$m_i(\mathbf{z}_i + \mathbf{p}_i) = \Phi_i + \mathbf{p}_i^T \nabla\Phi_i + \frac{1}{2}\mathbf{p}_i^T \mathbf{B}_i \mathbf{p}_i, \tag{19}$$

mit

$$\begin{aligned}
\Phi_i &= \mathbf{r}_i^T \mathbf{W} \mathbf{r}_i && (20)\\
\nabla \Phi_i &= \mathbf{J}_i^T \left(\mathbf{W}^T + \mathbf{W}\right) \mathbf{r}_i && (21)\\
\mathbf{B}_i &= \mathbf{J}_i^T \left(\mathbf{W}^T + \mathbf{W}\right) \mathbf{J}_i + \underbrace{\sum_{j=1}^{N+1} \mathbf{r}_i^T \left(\mathbf{W}^T + \mathbf{W}\right)_j \mathbf{H}_j}_{\approx \mathbf{0}}, && (22)
\end{aligned}$$

wobei $\mathbf{J}_i$ die Jakobimatrix von $\mathbf{r}_i$, $\mathbf{H}_j$ die Hessematrix der j-ten Zeile von $\mathbf{r}_i$ und $\left(\mathbf{W}^T + \mathbf{W}\right)_j$ die j-te Spalte von $\left(\mathbf{W}^T + \mathbf{W}\right)$ ist. Der zweite Summand von $\mathbf{B}_i$ kann vernachlässigt werden, wenn

$$\sum_{j=1}^{N+1} |\mathbf{r}_i^T \left(\mathbf{W}^T + \mathbf{W}\right)_j| \, \|\mathbf{H}_j\|_2 \ll \max \operatorname{eig}(\mathbf{J}_i^T \left(\mathbf{W}^T + \mathbf{W}\right) \mathbf{J}_i), \tag{23}$$

d.h. wenn entweder die Residuen $\mathbf{r}_i$ sehr klein sind, oder wenn sich diese im betrachteten Bereich wie lineare Funktionen verhalten. Somit muss für das Modell nur die Jakobimatrix $\mathbf{J}_i$ berechnet werden.

4.3 Berechnung der Jakobimatrix $\mathbf{J}_i$

Die Jakobimatrix $\mathbf{J}_i$ ist definiert als

$$\mathbf{J}_i = \frac{\partial \mathbf{r}_i}{\partial \mathbf{z}_i} = \begin{bmatrix} \frac{\partial \mathbf{r}_i}{\partial \hat{\mathbf{x}}_{k-N|k}} & \frac{\partial \mathbf{r}_i}{\partial \hat{t}_o} & \frac{\partial \mathbf{r}_i}{\partial \hat{\mathbf{a}}} \end{bmatrix}, \tag{24}$$

und besteht aus den drei partiellen Ableitungen von $\mathbf{r}_i$ nach den Optimierungsvariablen. Für jede dieser partiellen Ableitungen gilt

$$\frac{\partial \mathbf{r}_i}{\partial \omega} = \begin{bmatrix} -\left(\left.\frac{\partial h}{\partial \hat{\mathbf{x}}}\right|_{\hat{\mathbf{x}}_{k-N|k}}\right)^T \frac{\partial \hat{\mathbf{x}}_{k-N|k}}{\partial \omega} \\ \vdots \\ -\left(\left.\frac{\partial h}{\partial \hat{\mathbf{x}}}\right|_{\hat{\mathbf{x}}_{k|k}}\right)^T \frac{\partial \hat{\mathbf{x}}_{k|k}}{\partial \omega} \end{bmatrix}, \tag{25}$$

wobei ω ein Platzhalter für die Optimierungsvariablen $\hat{\mathbf{x}}_{k-N|k}$, $\hat{t}_o$ bzw. $\hat{\mathbf{a}}$ darstellt. Der erste Faktor einer jeden Zeile besteht aus der Ableitung von $h(\cdot)$, ausgewertet an den entsprechenden Stellen, und ist somit für alle drei partiellen Ableitungen identisch. Für den zweiten Faktor einer jeden Zeile müssen jeweils unterschiedliche partielle Ableitungen berechnet werden.
Für die partiellen Ableitung nach $\hat{\mathbf{x}}_{k-N|k}$ ist folgende Abkürzung hilfreich

$$\mathbf{X}(\bar{t}_j + \hat{t}_o) = \frac{\partial \hat{\mathbf{x}}_{j|k}}{\partial \hat{\mathbf{x}}_{k-N|k}}, \; j = k-N, \ldots, k. \tag{26}$$

Damit resultieren die partiellen Ableitungen in (25) aus der Lösung des matrixwertigen Anfangswertproblems

$$\dot{\mathbf{X}}(t) = \frac{\partial \mathbf{f}(\hat{\mathbf{x}}, \hat{\mathbf{a}}, \mathbf{u})}{\partial \hat{\mathbf{x}}} \mathbf{X}(t), \tag{27}$$

mit $t \in [\bar{t}_{k-N} + \hat{t}_o, \bar{t}_k + \hat{t}_o]$ und dem Anfangswert

$$\mathbf{X}(\bar{t}_{k-N} + \hat{t}_o) = \mathbf{I}. \tag{28}$$

Die partiellen Ableitungen nach $\hat{t}_o$ in (25) ergeben sich aus

$$\frac{\partial \hat{\mathbf{x}}_{j|k}}{\partial \hat{t}_o} = \mathbf{f}(\hat{\mathbf{x}}(\bar{t}_j + \hat{t}_o)), \hat{\mathbf{a}}, \mathbf{u}(\bar{t}_j + \hat{t}_o)), \tag{29}$$

mit $j = k - N, \ldots, k$.
Die letzten noch fehlenden partiellen Ableitungen nach $\hat{\mathbf{a}}$ in (25) können mit Hilfe der Abkürzung

$$\mathbf{Y}(\bar{t}_j + \hat{t}_o) = \frac{\partial \hat{\mathbf{x}}_{j|k}}{\partial \hat{\mathbf{a}}}, \; j = k - N, \ldots, k, \tag{30}$$

aus der Lösung eines weiteren matrixwertigen Anfangswertproblems

$$\dot{\mathbf{Y}}(t) = \frac{\partial \mathbf{f}(\hat{\mathbf{x}}, \hat{\mathbf{a}}, \mathbf{u})}{\partial \hat{\mathbf{x}}} \mathbf{Y}(t) + \frac{\partial \mathbf{f}(\hat{\mathbf{x}}, \hat{\mathbf{a}}, \mathbf{u})}{\partial \hat{\mathbf{a}}}, \tag{31}$$

mit $t \in [\bar{t}_{k-N} + \hat{t}_o, \bar{t}_k + \hat{t}_o]$ und dem Anfangswert

$$\mathbf{Y}(\bar{t}_{k-N} + \hat{t}_o) = \mathbf{0}. \tag{32}$$

gewonnen werden. Die partiellen Ableitungen in $\mathbf{J}_i$ nach den unterschiedlichen Optimierungsvariablen sind unabhängig voneinander und können deshalb parallel berechnet werden.

4.4 Gauß-Newton Verfahren

Das Gauß-Newton Verfahren zählt zu den Line-Search Verfahren. Die Suchrichtung wird mit Hilfe des Modells (19) als Lösung des Optimierungsproblems (11) bestimmt. Die notwendige Bedingung für ein Minimum, und damit die Suchrichtung $\mathbf{p}_i$ lautet

$$\frac{\partial \Phi_i}{\partial \mathbf{z}_i} = \mathbf{0} \Leftrightarrow \mathbf{p}_i = -\mathbf{B}_i^{-1} \nabla \Phi_i = -\left[\mathbf{J}_i^T \left(\mathbf{W}^T + \mathbf{W}\right) \mathbf{J}_i\right]^{-1} \mathbf{J}_i^T \left(\mathbf{W}^T + \mathbf{W}\right) \mathbf{r}_i. \tag{33}$$

Die ideale Schrittweite λ_i ist das globale Minimum von $\Phi(\lambda_i) = \Phi(\mathbf{x}_i + \lambda_i \mathbf{p}_i)$. Im allgemeinen ist die exakte Berechnung sehr aufwändig, so dass inexakte Line-Search Verfahren bevorzugt werden. Diese finden mit möglichst wenig Funktions- und Jakobimatrixaufrufen eine Schrittweite, die eine adäquate Reduktion von $\Phi(\cdot)$ mit minimalem Kostenaufwand ermöglicht. Dabei wird eine Folge von möglichen Schrittweiten λ_i solange getestet, bis verschiedene Bedingungen erfüllt werden. Ein weit verbreiteter Vertreter sind die sogenannten starken Wolfe Bedingungen [NW99]

$$\underbrace{\Phi\left(\mathbf{z}_i + \lambda_i \mathbf{p}_i\right)}_{\Phi(\lambda_i)} \leq \underbrace{\Phi\left(\mathbf{z}_i\right) + c_1 \lambda_i \nabla \Phi_i^T \mathbf{p}_i}_{l(\lambda_i)} \tag{34a}$$

$$\underbrace{\left|\nabla \Phi\left(\mathbf{z}_i + \lambda_i \mathbf{p}_i\right)^T \mathbf{p}_i\right|}_{|\Phi'(\lambda_i)|} \leq \underbrace{c_2 \left|\nabla \Phi_i^T \mathbf{p}_i\right|}_{c_2 |\Phi'(0)|}, \tag{34b}$$

mit $0 < c_1 < c_2 < 1$. Die erste Bedingung (34a), die auch als Armijo Bedingung bekannt ist, sagt dabei aus, dass der Funktionswert $\Phi(\cdot)$ an der Stelle λ_i unterhalb der Geraden $l(\lambda_i)$ liegen soll, d.h. die Reduktion in $\Phi(\cdot)$ soll proportional zu der Schrittweite λ_i sowie der Richtungsableitung $\nabla \Phi_i^T \mathbf{p}_i$ sein (s. Abb. 4). Der Wert von c_1 wird dabei meist sehr klein gewählt, z.B. $c_1 = 10^{-4}$.
Die erste Bedingung langt dabei alleine nicht aus, um eine signifikante Reduktion in $\Phi(\cdot)$ zu erzielen, so dass eine zweite Bedingung (34b), die sogenannte Krümmungsbedingung, hinzu

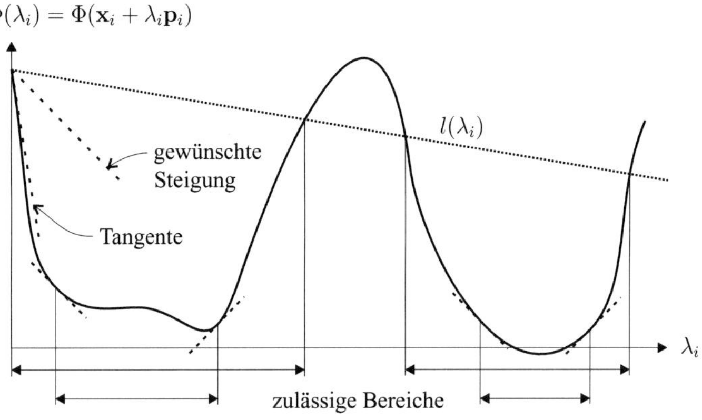

Abbildung 4: Schrittweitenbestimmung mittels den starken Wolfe Bedingungen

kommt. Diese Bedingung lässt nur Schrittweiten λ_i zu, bei denen der Betrag der Steigung $|\Phi'(\lambda_i)|$ höchstens so groß ist wie c_2 Mal der Betrag der Steigung $|\Phi'(0)|$. Damit wird der mögliche Bereich einer zulässigen Schrittweite λ_i auf eine Umgebung um einen stationären Punkt von $\Phi(\cdot)$ weiter eingeschränkt (s. Abb. 4). Ein typischer Wert von c_2 ist 0.9
Nachdem die Suchrichtung $\mathbf{p}_i$ und die Schrittweite λ_i bestimmt sind, kann der nächste Schritt gemäß (13) bestimmt werden.

4.5 Levenberg-Marquardt Verfahren

Das Levenberg-Marquardt Verfahren gehört zu der Klasse der Trust-Region Verfahren. Die Suchrichtung wird ebenfalls wie beim Gauß-Newton Verfahren mit Hilfe des Modells m_i (19) bestimmt, allerdings mit dem Unterschied, dass nur ein bestimmtes Gebiet $\|\mathbf{D}_i\mathbf{p}_i\|_2 \leq \Delta_i$ für die Suchrichtung und damit für den neuen Schritt $\mathbf{z}_{i+1}$ zugelassen ist. Die Suchrichtung ergibt sich formal aus der Lösung des Optimierungsproblems mit einer Ungleichungsnebenbedingung

$$\min_{\mathbf{p}_i} m_i(\mathbf{z}_i + \mathbf{p}_i), \quad \text{s.t.} \|\mathbf{D}_i\mathbf{p}_i\|_2 \leq \Delta_i. \tag{35}$$

Zunächst muss überprüft werden, ob die Ungleichungsnebenbedingung die linear independence constraint qualification (LICQ) erfüllt, d.h. ob die Gradienten der aktiven Nebenbedingungen am lokalen Optimum $\mathbf{p}_i^*$ linear unabhängig sind. Dies ist für alle $\mathbf{p}_i^* \in \mathbb{R}^{n+q+1}$ möglich, da $-\mathbf{D}_i^T\mathbf{D}_i\mathbf{p}_i^* \neq \mathbf{0}$ ist. Somit dürfen die Karush-Kuhn-Tucker (KKT) Bedingungen angewandt werden, die notwendig für die Lösung des Optimierungsproblems sind, und für diesen Fall wie folgt lauten

$$\nabla\Phi_i + \mathbf{B}_i\mathbf{p}_i^* + \lambda_i\mathbf{D}_i\mathbf{D}_i\mathbf{p}_i^* = 0 \tag{36a}$$
$$\Delta_i^2 - \|\mathbf{D}_i\mathbf{p}_i^*\|_2^2 \geq 0 \tag{36b}$$
$$\lambda_i \geq 0 \tag{36c}$$
$$\lambda_i\left(\Delta_i^2 - \|\mathbf{D}_i\mathbf{p}_i^*\|_2^2\right) = 0. \tag{36d}$$

Gleichung (36a) kann nach der optimalen Suchrichtung aufgelöst werden

$$\mathbf{p}_i^* = -\left[\mathbf{B}_i + \lambda_i \mathbf{D}_i^T \mathbf{D}_i\right]^{-1} \nabla\Phi_i \tag{37a}$$

$$= -\left[\mathbf{J}_i^T \left(\mathbf{W}^T + \mathbf{W}\right) \mathbf{J}_i + \lambda_i \mathbf{D}_i^T \mathbf{D}_i\right]^{-1} \mathbf{J}_i^T \left(\mathbf{W}^T + \mathbf{W}\right) \mathbf{r}_i. \tag{37b}$$

Die eigentliche Trust-Region Methode, die aus einem vorgegebenen Radius Δ_i den Lagrangsche Multiplikator λ_i und damit die Suchrichtung $\mathbf{p}_i$ bestimmt, soll jetzt nicht weiter verfolgt werden. Stattdessen soll die klassische Methode der Dämpfungsstrategie verwendet werden. Diese benutzt eine λ_i-Steuerung (=Dämpfungsstrategie) und damit indirekt eine Radiussteuerung. Somit wird direkt aus (37a) zu einem gewählten λ_i (und damit für den zugehörigen Radius) die optimale Suchrichtung $\mathbf{p}_i^*$ berechnet. Eine mögliche Dämpfungsstrategie [Lam97] schaut dabei wie folgt aus

$$\Phi\left(\mathbf{z}_i + \mathbf{p}_i\right) < \Phi\left(\mathbf{z}_i\right) \Rightarrow \lambda_{i+1} = a_1 \lambda_i \tag{38a}$$

$$\Phi\left(\mathbf{z}_i + \mathbf{p}_i\right) > \Phi\left(\mathbf{z}_i\right) \Rightarrow \lambda_i = a_2 \lambda_i, \tag{38b}$$

mit $0 < a_1 < 1$ und $a_2 > 1$. Für $\lambda_i = 0$ wird das Verfahren zum Gauß-Newton Verfahren mit Schrittweite 1, für $\lambda_i \gg 1$ wird das Verfahren zum Steepest-Descent Verfahren.
Bei der Wahl der Matrix $\mathbf{D}_i$, die die Form des zulässigen Gebietes beschreibt, bestehen zwei Möglichkeiten:

- additive Dämpfung: $\mathbf{D}_i^T \mathbf{D}_i = \mathbf{I}$
- multiplikative Dämpfung: $\mathbf{D}_i^T \mathbf{D}_i = \operatorname{diag}\left(\mathbf{J}_i^T \mathbf{J}_i\right)$

Die additive Dämpfung beschreibt einen kreisförmigen Vertrauensbereich und ist deshalb sinnvoll für gut skalierte Probleme, d.h. die Optimierungsparameter in $\mathbf{z}_i$ liegen in einer ähnlichen Größenordnung. Zudem wird die Konditionszahl von $\mathbf{B}_i$ verbessert, was nummerische Vorteile bei der Implementierung mit sich bringt. Die multiplikative Dämpfung ist bei schlecht konditionierten Problemen zu bevorzugen, da ein elliptischer Vertrauensbereich verwendet wird, der die unterschiedlichen Größenordnungen in den Elementen von $\mathbf{z}_i$ berücksichtigt.

5 Simulationsbeispiel

In diesem Abschnitt wird die vorgestellte Theorie auf einen nichtlinearen durchmischten Rührkesselreaktor (CSTR) [URP74] angewandt. Der CSTR ist ein häufig benutzter Benchmark in der chemischen Verfahrenstechnik (vgl. [HS97]).
Ein CSTR (s. Abb. 5) beschreibt den Prozess einer irreversiblen, exothermischen Reaktion $A \rightarrow B$. Ausgehend von einer Anfangskonzentration $c_A(0)$ und einer Anfangstemperatur $T(0)$ im Reaktor, wird die Komponente A mit der Konzentration c_{A0} und der Temperatur T_{A0} kontinuierlich hinzugefügt. Die dabei frei werdende Reaktionswärme wird mit Hilfe des Kühlstroms der Temperatur T_C abgeführt. Das Reaktorvolumen V wird durch den abfließenden Volumenstrom $\dot{V}$ konstant gehalten. Die mathematische Beschreibung des CSTR lautet

$$\dot{c}_A = \frac{\dot{V}}{V}\left(c_{A0} - c_A\right) - k_0 c_A \exp\left(-\frac{E_A}{RT}\right) \tag{39a}$$

$$\dot{T} = \frac{\dot{V}}{V}\left(T_{A0} - T\right) + \frac{\Delta H_R k_0}{\varrho c_p} c_A \exp\left(-\frac{E_A}{RT}\right) + \frac{\alpha A_c}{\varrho c_p V}\left(T_C - T\right) \tag{39b}$$

$$y = T, \tag{39c}$$

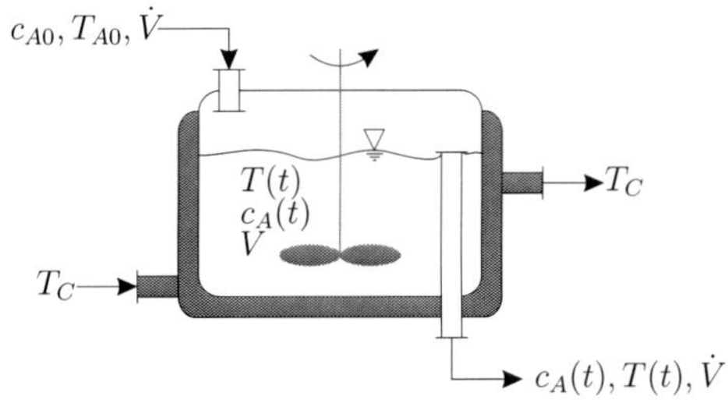

Abbildung 5: Schematischer Aufbau eines durchmischten Rührkesselreaktors (CSTR)

mit den Zuständen $c_A, T \in \mathbb{R}$, dem zu schätzenden Parameter $k_0 \in \mathbb{R}$, dem Eingang $T_C \in \mathbb{R}$ und dem Ausgang $T \in \mathbb{R}$. Der Temperatursensor soll sich frei im Reaktionsgemisch bewegen können, und seine Datenpakete in Gegenwart von zufälligen Totzeiten τ_i und zufälligen Paketverlusten zum Beobachter übertragen. Die Abtastung und damit das Senden eines Datenpaketes erfolgt immer dann, wenn sich die Temperatur um $\Delta T = 10K$, verglichen mit der letzten Übertragung, geändert hat, oder wenn $\Delta t = 1.5s$ lang kein Datenpaket gesendet wurde. Für den Eingang T_C wurde eine flache Vorsteuerung so entworfen, dass die Konzentration $c_A(t)$ einem gewünschten Sollverlauf $c_{Af}(t)$ (hier: einem doppelten, stetigen Arbeitspunktwechsel) folgt. Das Ziel des Beobachters besteht nun darin, aus den Datenpaketen die Konzentration $c_A(T)$, die Temperatur $T(t)$, den unbekannten Parameter k_0 und den unbekannten Zeitversatz t_o zu schätzen. Die Streckenparameter sowie die Anfangswerte und die Optimierungsparameter können aus den Tabellen 1 und 2 entnommen werden.

Systemparameter	$\frac{\dot{V}}{V}$	$\frac{\Delta H_R}{\delta \varrho c_p}$	$\frac{\alpha A_c}{\varrho c_p V}$	$\frac{E_A}{R}$	c_{A0}	T_{A0}
Wert	1	4250	2	5665	0.02	340

Tabelle 1: Streckenparameter für das Originalsystem und das Parallelsystem

Parameter (Strecke)	$c_A(0)$	$T_A(0)$	k_0	t_o
Wert	0.02	487.5635	$1 \cdot 10^6$	-1
Parameter (Beobachter)	$\hat{c}_A(0)$	$\hat{T}_A(0)$	$\hat{k}_0$	$N+1$
Wert	0.01	400	$5 \cdot 10^5$	5
Optimierung (Gauß-Newton)	c_1	c_2	-	-
Wert	10^{-4}	0.9	-	-
Optimierung (Levenberg-Marquardt)	λ_0	a_1	a_2	**D**
Wert	0.2	0.2	10	multiplikativ

Tabelle 2: Anfangswerte und Optimierungsparameter

Abbildung 6 zeigt den Vergleich zwischen dem Konzentrationsverlauf (linker oberer Plot) und dem Temperaturverlauf (rechter oberer Plot) zwischen Originalsystem (durchgezogene Linie) und Parallelsystem (gestrichelte Linie). Die Abtastungen sind mit einem Kreuz gekennzeichnet, wenn das entsprechende Paket am Beobachter ankommt, bzw. mit einem Kreis, wenn ein Paketausfall statt gefunden hat. Der linke untere Plot zeigt den Paketverlauf im Netzwerk. Ein mit einem Kreuz gekennzeichnetes Paket indiziert eine erfolgreiche Ankunft am Beobachter, ein Kreis hingegen einen Paketausfall. Die Sendezeitpunkte befinden sich auf der vertikalen Achse mit dem Wert 1, wohingegen die Ankunftszeitpunkte am Beobachter auf der vertikalen Achse mit dem Wert 0 sind. Ein Vergleich zwischen der geschätzten (weißer Balken) und der tatsächlichen Totzeit (schwarzer Balken) für ein Paket zeigt der rechte untere Plot.

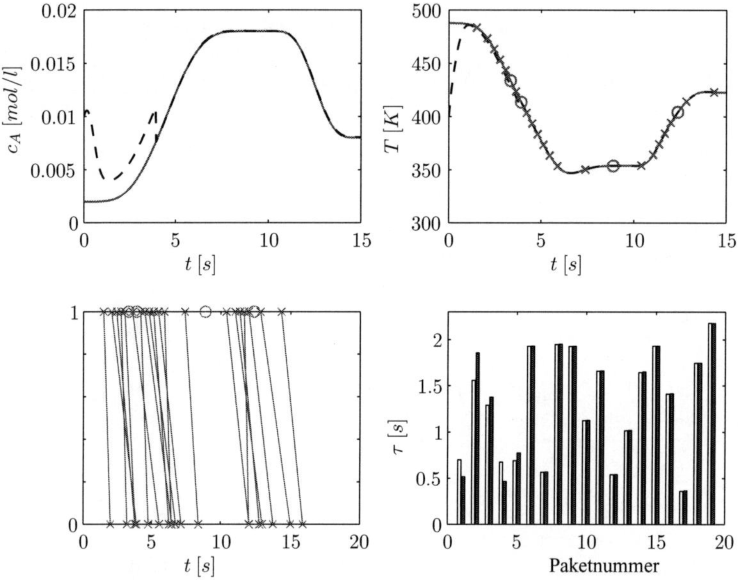

Abbildung 6: *oben links:* Vergleich der Konzentrationsverläufe, *oben rechts:* Vergleich der Temperaturverläufe, *unten links:* Paketverlauf im Netzwerk, *unten rechts:* Vergleich der Totzeiten

Der Unterschied zwischen den Verläufen der einzelnen Optimierungsverfahren sind minimal, so dass die Kurven in Abb. 6 für beide Optimierungsverfahren identisch sind. Ein Maß für die nummerische Effizienz der Optimierungsverfahren ist die Anzahl der Gütemaßauswertung $\#\Phi$ sowie die Anzahl der Jakobimatrixberechnungen $\#J$ für den betrachteten Simulationszeitraum. Zudem geben die Performanceindexe

$$\gamma_1 = \frac{\int_{t_1}^{t_2} |c_A(t) - \hat{c}_A(t)| dt}{\int_{t_1}^{t_2} |c_A(t)| dt}, \quad \gamma_2 = \frac{\int_{t_1}^{t_2} |T(t) - \hat{T}(t)| dt}{\int_{t_1}^{t_2} |T(t)| dt}, \tag{40}$$

Aufschluss über die Qualität der Verfahren (s. Tab. 3), wobei t_1 der Zeitpunkt der Ankunft des $N+1$-ten Pakets und t_2 der Zeitpunkt der Ankunft des letzten Pakets am Beobachter ist. Das Gauß-Newton Verfahren liefert hier qualitativ leicht bessere, dafür nummerisch leicht ineffizientere Ergebnisse, verglichen mit dem Levenberg-Marquardt Verfahren.

	$\#\Phi$	$\#J$	γ_1	γ_2
Gauß-Newton Verfahren	84	40	1.257	0.091
Levenberg-Marquardt Verfahren	83	35	1.941	0.131

Tabelle 3: Vergleich der nummerischen Güte der Optimierungsverfahren

6 Zusammenfassung

Dieser Beitrag behandelt den Entwurf eines optimierungsbasierten Beobachterverfahrens für nichtlineare NCS zur Zustands- und Parameterschätzung. Die übertragenen Datenpakete zwischen Sensor und Beobachter, die die Messwerte sowie die relativen Zeitstempel der unsynchronisierten Sensorzeit beinhalten, unterliegen dabei zufälligen und variablen Totzeiten sowie Paketverlusten. Dieses Beobachtungsproblem konnte als unrestringiertes Optimierungsproblem formuliert und anschließend effizient mit dem Gauß-Newton bzw. dem Levenberg-Marquardt Verfahren gelöst werden. Die dafür notwendige Modellberechnung mit der verbundenen Jakobimatrixberechnung wurde vorgestellt. Die Simulationsergebnisse bestätigen die Performance der vorgeschlagenen Methode.

Literatur

[HS97] HANSON, M. A. ; SEBORG, D.E: *Nonlinear Process Control.* Prentice Hall PTR, 1997

[Lam97] LAMPTON, M.: Damping-undamping strategies for the Levenberg-Marquardt nonlinear least-squares method. In: *Computers in Physics* 11 (1997), Nr. 1, S. 110–114

[MG95] MORAAL, P.E. ; GRIZZLE, J.W.: Observer design for nonlinear systems with discrete-time measurements. In: *IEEE Trans. Autom. Control* 40 (1995), March, Nr. 3, S. 395–404

[MM95] MICHALSKA, H. ; MAYNE, D.Q.: Moving Horizon Observers and Observer-Based Control. In: *IEEE Trans. Autom. Control* 40 (1995), June, Nr. 6, S. 995–1006

[NW99] NOCEDAL, J. ; WRIGHT, J.W.: *Numerical Optimization.* Springer-Verlag, 1999

[RRM03] RAO, C.V. ; RAWLINGS, J.B. ; MAYNE, D.Q.: Constrained State Estimation for Nonlinear Discrete-Time Systems: Stability and Moving Horizon Approximations. In: *IEEE Trans. Autom. Control* 48 (2003), Nr. 2, S. 246–258

[URP74] UPPAL, A. ; RAY, W.H. ; POORE, A.B: On the dynamic behavior of continuous stirred tank reactors. In: *Chemical Engineering Science* (1974)

[Vor03] VORTISCH, J.: *Zustandsbeobachtung nichtlinearer Systeme auf bewegtem Horizont mit Hilfe des Gauss-Newton-Verfahrens*, Universität Bremen, Diss., 2003

[Zim97] ZIMMER, G.: *Zustandsbeobachtung nichtlinearer Systeme.* Shaker Verlag, 1997

Reduktion von Spillover für lineare verteilt-parametrische Systeme

Christian Harkort, Joachim Deutscher
Lehrstuhl für Regelungstechnik, Universität Erlangen-Nürnberg
Cauerstraße 7, 91058 Erlangen
E-Mail: christian.harkort@rt.eei.uni-erlangen.de

Eine klassische Vorgehensweise zum Entwurf von Regelungen für verteilt-parametrische Systeme besteht darin, einen beobachterbasierten Zustandsregler auf der Basis einer endlich-dimensionalen Streckenapproximation auszulegen. Ein Nachteil dieser Methode ist, dass die vernachlässigte Dynamik ein schlechtes Regelungsverhalten bis hin zur Destabilisierung des Regelkreises bewirken kann. Dieser Artikel stellt einen Ansatz zur Reduktion dieses als Spillover bezeichneten Einflusses vor. Die Methode beruht darauf, dass sich bestimmte fiktive Ausgänge erzeugen lassen, welche durch die vernachlässigte Dynamik weniger beeinflusst werden als der reale Ausgang. Verwendet man diese fiktiven Ausgänge für den Beobachterentwurf, dann lassen sich bessere Regelungsergebnisse erzielen.

1 Einleitung

Die Standardentwurfsverfahren für beobachterbasierte Zustandsregler führen auf Reglerordnungen, die mit der Systemordnung übereinstimmen. Im Fall von Systemen mit verteilten Parametern und somit unendlicher Ordnung sind die resultierenden Regler daher nicht implementierbar. Ein pragmatischer und in der regelungstechnischen Praxis überwiegend angewandter Ausweg besteht darin, zunächst ein endlich-dimensionales Modell der Strecke zu bestimmen und auf dessen Basis einen beobachterbasierten Zustandsregler zu entwerfen. Ein entscheidender Nachteil dieser als *early lumping approach* etablierten Vorgehensweise besteht darin, dass beim Entwurfsprozess Teile der Streckendynamik unberücksichtigt bleiben, welche die Fehlerdynamik des Beobachters anregen und auf diese Weise ungewünschte Auswirkungen auf die Regelgüte haben. Dieser Effekt kann bis zur Instabilität führen und wird als *Beobachtungs-Spillover* bezeichnet. Detaillierte Betrachtungen hierzu sind in [1], [2] und [6] zu finden.
Dieser Beitrag befasst sich mit der Reduzierung des Beobachtungs-Spillovers. Die zugrunde liegende Idee besteht darin, anstelle des realen Streckenausgangs einen *fiktiven* Ausgang dem Regler zuzuführen, bezüglich dessen die vernachlässigte Dynamik nahezu unbeobachtbar ist und folglich beim Reglerentwurf vernachlässigt werden kann. Die Schwierigkeit bei der Umsetzung dieses Konzepts besteht darin, einen geeigneten fiktiven Ausgang zu generieren. Allerdings zeigt es sich, dass es in der Tat möglich ist bestimmte Linearkombinationen der Streckenzustände und damit fiktive Ausgänge mithilfe eines *Ausgangsbeobachters* zu rekonstruieren. Entscheidend ist dabei einerseits, dass die zugehörige Fehlerdynamik frei von Spillover ist und der Beobachtungsfehler somit asymptotisch abklingt. Andererseits soll der Beitrag der Restdynamik zu dem neuen Ausgang vergleichsweise gering sein. Denn in diesem Fall kann man erwarten, dass die Beeinflussung des geschlossenen Regelkreises durch die vernachlässigte Dynamik geringer ist, wenn der Regler für den neuen Ausgang entworfen wird als wenn der Regler den Originalausgang nutzt. Die Zusatzmaßnahme der Ausgangsbeobachtung bewirkt also eine Spillover-Reduktion. Diese Vorgehensweise lässt sich wiederholt anwenden, indem man die um den Ausgangsbeobachter erweiterte Strecke als Ausgangspunkt für den Entwurf eines weiteren Ausgangsbeobachters nimmt. Auf diese Weise lässt sich der Spillover-Effekt —

auf Kosten zunehmender Erhöhung der Ordnung des Reglers — systematisch reduzieren. Dabei zeigt sich, dass die gewonnene Spillover-Reduzierung in der Regel größer ausfällt, als wenn beim konventionellen early lumping Verfahren die Ordnung des Approximationsmodells erhöht wird. Als ein Vorteil der Methode ist hervorzuheben, dass der klassische Entwurf beobachterbasierter Zustandsregler weiterhin angewendet werden kann, wobei die um einen oder mehrere Ausgangsbeoachter erweiterte Strecke dem Entwurf zugrunde gelegt wird.
Um die Darstellung möglichst anschaulich zu gestalten, wird das Konzept anhand eines Beispiels entwickelt ohne auf die mathematischen Details einzugehen. Für eine detailliertere Darstellung wird auf [5] verwiesen. Im folgenden Abschnitt wird der im gesamten Artikel betrachtete Wärmeleiter beschieben sowie ein Zustandsraummodell entwickelt. In Abschnitt 3 wird das Zustandekommen von Beobachtungs-Spillover dargelegt und in Abschnitt 4 der Ansatz zur Spillover-Reduktion erläutert. Schließlich wird in Abschnitt 5 auf die wiederholte Anwendung dieses Ansatzes eingegangen.

2 Beschreibung des betrachteten Wärmeleitungssystems

Betrachtet wird ein eindimensionaler wärmeleitender Stab, dem auf voller Länge Wärme durch eine Heizquelle zugeführt werden kann und dessen Enden wärmeisoliert sind (siehe Abb. 1). Die Heizleistung $u(t)$ ist der Systemeingang, während das Signal eines Temperatursensors den Ausgang $y(t)$ darstellt.

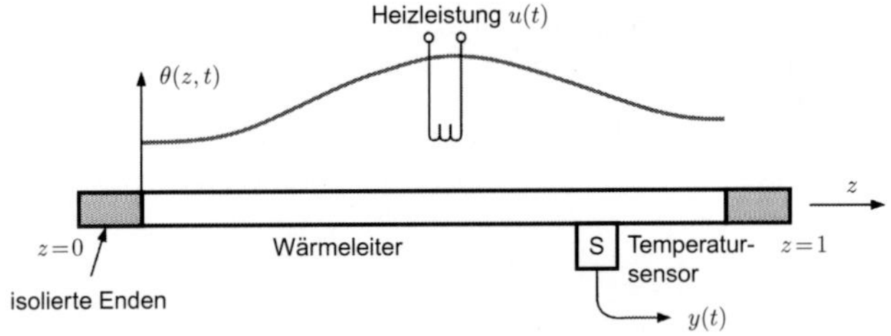

Abbildung 1: Eindimensionaler Wärmeleiter mit verteiltem Stelleingriff und isolierten Rändern.

Das Temperaturprofil entlang des Stabes werde mit $\theta(z,t)$ bezeichnet. Aus der physikalischen Modellbildung ist folgende Systembeschreibung bekannt (siehe z.B. [4]):

$$\text{PDE:} \quad \frac{\partial \theta}{\partial t}(z,t) = \frac{\partial^2 \theta}{\partial z^2}(z,t) + \beta(z)\, u(t), \qquad t > 0,\ z \in (0,1) \tag{1}$$

$$\text{RB:} \quad \frac{\partial \theta}{\partial z}(0,t) = \frac{\partial \theta}{\partial z}(1,t) = 0, \qquad t \geq 0 \tag{2}$$

$$\text{AB:} \quad \theta(z,0) = \theta_0(z), \qquad z \in [0,1] \tag{3}$$

$$\text{AGL:} \quad y(t) = \int_0^1 \theta(z,t)\,\gamma(z)dz \qquad t \geq 0. \tag{4}$$

Die zeitliche Entwicklung des Temperaturprofils wird durch (1) beschrieben, wobei die *Eingangsfunktion* $\beta(z)$ die örtliche Abhängigkeit der Wärmeflussdichte festlegt. Die Randbedingungen (2) tragen der Tatsache Rechnung, dass an den Enden aufgrund der Isolation kein

Wärmefluss stattfindet und der Temperaturgradient daher dort verschwindet. Die Ausgangsgleichung (4) zeigt, dass $y(t)$ durch Mittelwertbildung entsteht, wobei die *Ausgangsfunktion* $\gamma(z)$ angibt, welche Teile des Temperaturprofils in den Ausgang eingehen. Im Beispiel ist

$$\beta(z) = \begin{cases} 100 & : \ 0.49 \leq z \leq 0.50 \\ 0 & : \ \text{sonst} \end{cases}, \qquad \gamma(z) = \begin{cases} 50 & : \ 0.74 \leq z \leq 0.76 \\ 0 & : \ \text{sonst.} \end{cases} \tag{5}$$

Die Systembeschreibung (1)–(4) weicht in mehreren Aspekten von der üblichen Zustandsraumbeschreibung endlich-dimensionaler Systeme ab. Beispielsweise müssen für letztere keine Randbedingungen berücksichtigt werden. Um zumindest formal eine Analogie herzustellen, ist es üblich auch lineare verteilt-parametrische Systeme Σ in der gewohnten Form

$$\Sigma: \quad \dot{x}(t) = \mathcal{A}x(t) + \mathcal{B}u(t), \qquad t > 0,\ x(t) \in X,\ x(0) = x_0 \tag{6}$$

$$y(t) = \mathcal{C}x(t), \qquad t \geq 0 \tag{7}$$

darzustellen. Dabei ist $x(t)$ der Zustand aus dem *Zustandsraum* X, der hier die Menge aller quadratintegrierbaren Funktionen $[0,1] \mapsto \mathbb{C}$ darstellt, und $\mathcal{A}$, $\mathcal{B}$, $\mathcal{C}$ sind lineare Abbildungen, die als Verallgemeinerungen von Matrizen aufgefasst werden können. Speziell ist der Systemoperator $\mathcal{A}$ beim Wärmeleiter durch

$$\mathcal{A}w = \tfrac{d^2}{dz^2}w \tag{8}$$

$$D(\mathcal{A}) = \{w \in X : \tfrac{dw}{dz}(0) = \tfrac{dw}{dz}(1) = 0, w, \tfrac{dw}{dz} \text{ absolut stetig}, \tfrac{d^2w}{dz^2} \in X\} \tag{9}$$

definiert, wobei (8) die Abbildungsvorschrift und (9) den Definitionsbereich von $\mathcal{A}$ beschreibt. Anders als bei endlich-dimensionalen Systemen ist der Systemoperator also nur für eine bestimmte Teilmenge des Zustandsraums erklärt, nämlich für solche $w(z)$, die zum einen die Randbedingungen (2) erfüllen und zum anderen hinreichend glatt sind, so dass die Differentiation in (8) ausgeführt werden kann. Mit Mitteln der linearen Funktionalanalysis lässt sich zeigen, dass der so definierte Operator $\mathcal{A}$ ein *infinitesimaler Generator* einer *C_0-Halbgruppe* ist. Dies bedeutet, dass der abstrakten Zustandsdifferentialgleichung in (6) zusammen mit der Anfangsbedingung eine eindeutige Zustandstrajektorie $x(t)$ als Lösung zugeordnet werden kann. Da hierzu formal wie im endlich-dimensionalen Fall das Lösen eines Anfangswertproblems erforderlich ist — denn die Randbedingungen sind nur implizit in der Festlegung des Definitionsbereichs von $\mathcal{A}$ enthalten — wird (6) als *abstraktes Anfangswertproblem* bezeichnet.
Um die nachfolgende Darstellung möglichst einfach zu gestalten, soll jedoch abweichend von (6)–(9) eine eher klassische Systembeschreibung verwendet werden, ohne dabei auf mathematische Details einzugehen. Die sog. *modale Analyse* erfordert zunächst die Darstellung des Temperaturprofils sowie der Funktionen $\beta(z)$ und $\gamma(z)$ als Linearkombinationen

$$\theta(z,t) = \sum_{i=1}^{\infty} x_i^*(t)\phi_i(z), \quad \beta(z) = \sum_{i=1}^{\infty} b_i^*\,\phi_i(z), \quad \gamma(z) = \sum_{i=1}^{\infty} c_i^*\,\phi_i(z) \tag{10}$$

von Basisfunktionen $\phi_i(z)$, welche Lösungen des *Eigenwertproblems*

$$\phi_i''(z) = \lambda_i \phi_i(z) \tag{11}$$

$$\phi_i'(0) = \phi_i'(1) = 0 \tag{12}$$

sind. Dabei entspricht (11) der bekannten Eigenwertgleichung $Av = \lambda v$ für eine Matrix A, wobei hier der Differentialoperator $\frac{d^2}{dz^2}$ an der Stelle der Matrix steht. Dagegen stellt (12) sicher, dass die Linearkombinationen in (10) die Randbedingungen (2) erfüllen. Im Falle des betrachteten Wärmeleiters ergeben sich die Eigenwerte und Eigenfunktionen zu

$$\lambda_1 = 0, \quad \phi_1(z) \equiv 1, \qquad \lambda_{i+1} = -\pi^2 i^2, \quad \phi_{i+1}(z) = \sqrt{2}\cos(i\pi z), \quad i = 1, 2, \ldots \tag{13}$$

Das Eigenwertproblem (11)–(12) stellt ein sog. *Sturm-Liouville Problem* dar (siehe z.B. [3]). Als Konsequenz ist $\{\phi_i(z), i \geq 1\}$ ein linear unabhängiges und vollständiges Funktionensystem. Es können daher alle beschränkten und stückweise stetigen Funktionen $[0,1] \mapsto \mathbb{R}$ als Linearkombination der Basisfunktionen dargestellt werden, und zwar punktweise ohne Fehler, abgesehen von Abweichungen an endlich vielen Stellen z. Geht man mit (10) in (1) ein, so ergibt sich mit (11)

$$\sum_{i=1}^{\infty} \dot{x}_i^*(t)\phi_i(z) = \sum_{i=1}^{\infty} \lambda_i x_i^*(t)\phi_i(z) + \sum_{i=1}^{\infty} b_i^* \,\phi_i(z)u(t), \tag{14}$$

und durch Koeffizientenvergleich bezüglich $\phi_i(z)$ erhält man

$$\begin{bmatrix} \dot{x}_1^*(t) \\ \dot{x}_2^*(t) \\ \vdots \end{bmatrix} = \begin{bmatrix} \lambda_1 & & \\ & \lambda_2 & \\ & & \ddots \end{bmatrix} \begin{bmatrix} x_1^*(t) \\ x_2^*(t) \\ \vdots \end{bmatrix} + \begin{bmatrix} b_1^* \\ b_2^* \\ \vdots \end{bmatrix} u(t). \tag{15}$$

Man beachte, dass in (15) keine Ortsabhängigkeit mehr auftritt. Die zeitabhängigen Koeffizienten $x_i^*(t)$ haben viel mehr den Charakter von konzentrierten Zuständen. Eine ganz analoge Vorgehensweise in Bezug auf die Ausgangsgleichung (4) ergibt

$$y(t) = \begin{bmatrix} c_1^* & c_2^* & \cdots \end{bmatrix} \begin{bmatrix} x_1^*(t) \\ x_2^*(t) \\ \vdots \end{bmatrix} \tag{16}$$

Auf Basis der Systembeschreibung (15)–(16) wird im nächsten Abschnitt der Reglerentwurf anhand einer Approximation sowie das Auftreten von Beobachtungs-Spillover dargestellt.

3 Problemformulierung

In vielen technischen Systemen wird das dynamische Verhalten maßgeblich von nur wenigen Eigenwerte bestimmt. Beim Entwurf einer Regelung ist es daher ausreichend nur diese Eigenwerte zu berücksichtigen, wo hingegen die restlichen so weit links in der komplexen Ebene liegen, dass keine Notwendigkeit zur gezielten Beeinflussung besteht. Es ist daher die grundlegende Idee der konventionellen Reglerentwurfsmethodik für verteilt-parametrische Systeme, zunächst ein endlich-dimensionales Approximationsmodell der Strecke zu bestimmen, welches nur die dominanten Eigenwerte enthält, und dieses als Grundlage für den Entwurf eines beobachterbasierten Zustandsreglers zu verwenden (siehe z.B. [6]).
Im Fall des Wärmeleiters betragen gemäß (13) die vier langsamsten Eigenwerte näherungsweise $\lambda_1 = 0,\ \lambda_2 = -9.9,\ \lambda_3 = -39.5,\ \lambda_4 = -88.8$. Es ist also eine Stabilisierung erforderlich. Ziel sei es, die ersten beiden Eigenwerte auf $\tilde{\lambda}_1 = -13,\ \tilde{\lambda}_2 = -14$ zu verschieben und die Weiteren unbeeinflusst zu lassen, da diese bereits ausreichend weit links liegen. Das Näherungsmodell muss also zumindest die zeitliche Entwicklung von x_1^* und x_2^* wiedergeben. Um den Näherungsfehler und damit das Auftreten von Spillover gering zu halten, erscheint es deshalb ausreichend, wenn das Approximationsmodell zusätzlich x_3^*, x_4^* beinhaltet und damit die

Dynamik der Zustände x_i^*, $i \leq 4$ beschreibt. Da die Dynamikmatrix $\mathcal{A}$ Diagonalgestalt besitzt, erreicht man dies durch Aufteilen des Zustandsvektors in $x_n = [x_1^* \; \cdots \; x_n^*]^T$ mit $n = 4$ und $x_R = [x_{n+1} \; x_{n+2} \; \cdots]^T$, sowie durch entsprechende Aufteilung von Λ, B und C, d.h.

$$\Lambda_n = \begin{bmatrix} \lambda_1 & & \\ & \ddots & \\ & & \lambda_n \end{bmatrix}, \quad b_n = \begin{bmatrix} b_1^* \\ \vdots \\ b_n^* \end{bmatrix}, \quad c_n^T = \begin{bmatrix} c_1^* & \cdots & c_n^* \end{bmatrix}. \tag{17}$$

Man erhält damit zwei entkoppelte Teilsysteme

$$\Sigma_n : \quad \dot{x}_n(t) = \Lambda_n x_n(t) + b_n u(t), \quad x_n(0) = x_{n,0} \tag{18}$$

$$y_n(t) = c_n^T x_n(t) \tag{19}$$

$$\Sigma_R : \quad \dot{x}_R(t) = \Lambda_R x_R(t) + b_R u(t), \quad x_R(0) = x_{R,0} \tag{20}$$

$$y_R(t) = c_R^T x_R(t), \tag{21}$$

wobei Σ_n eine *modale Approximation* von Σ darstellt und Σ_R die vernachlässigte Systemdynamik beschreibt. Für die Realisierung einer Zustandsrückführung $u = -k^T x_n$ wird ein Beobachter

$$\hat{\Sigma}_n : \quad \dot{\hat{x}}_n = (\Lambda_n - l c_n^T)\hat{x}_n + b_n u + l y \tag{22}$$

auf der Basis von Σ_n entworfen. Beim Festlegen der Zustandsrückführung werden in gewohnter Weise die Eigenwerte für $\Lambda_n - b_n k^T$ vorgegeben, wobei natürlich die Eigenwerte von Λ_R unberücksichtigt bleiben. Wie es in der Einleitung bereits angesprochen wurde, übt die beim Reglerentwurf vernachlässigte Systemdynamik — dies ist die Dynamik von Σ_R — einen bisweilen signifikanten Einfluss auf die Dynamik des geschlossenen Regelkreises aus. Zur Untersuchung der Regelkreisdynamik wird der Beobachtungsfehler

$$\dot{x}_n - \dot{\hat{x}}_n = (\Lambda_n - l c_n^T)(x_n - \hat{x}_n) - l c_R^T x_R \tag{23}$$

betrachtet, der sich durch Subtraktion von (18) und (22) ergibt. Berücksichtigt man außerdem

$$u = -k^T \hat{x}_n \tag{24}$$

durch Einsetzen in (18) und (20), so erhält man für die Dynamik des Gesamtsystems

$$\begin{bmatrix} \dot{x}_n - \dot{\hat{x}}_n \\ \dot{x}_n \\ \dot{x}_R \end{bmatrix} = \begin{bmatrix} \Lambda_n - l c_n^T & 0 & -\Delta \\ b_n k^T & \Lambda_n - b_n k^T & 0 \\ b_R k^T & -b_R k^T & \Lambda_R \end{bmatrix} \begin{bmatrix} x_n - \hat{x}_n \\ x_n \\ x_R \end{bmatrix} \quad \text{mit} \quad \Delta = l c_R^T. \tag{25}$$

Hierin ist die auftretende Matrix ein sog. *Systemoperator*, worin z.B. Λ_R keine endlich-dimensionale Abbildung mehr ist. Man kann sich aber den Systemoperator wie eine unendlich-dimensionale Matrix vorstellen. Zunächst werde der Fall betrachtet, dass Δ verschwindendet. Aufgrund der sich dann ergebenden Block-Dreiecksstruktur des obigen Systemoperators setzen sich die Eigenwerte des Regelkreises zusammen aus den gewünschten Eigenwerten, die mithilfe des Reglers $\Lambda_n - b_n k^T$ und $\Lambda_n - l c_n^T$ zugewiesen wurden, sowie den Eigenwerten von Λ_R. Bis auf seltene Sonderfälle wird im Allgemeinen $\Delta \neq 0$ gelten. Dies hat zur Folge, dass alle Eigenwerte in gewissem Maße verschoben werden, was möglicherweise zur Instabilität des Regelkreises führt oder die Güte der Regelung beeinträchtigt. Bei der Regelung des Wärmeleiters ergibt sich eine Eigenwertverteilung, wie sie in Abb. 2 dargestellt ist. Es zeigt sich, dass die Eigenwerte der so zustandsgeregelten Strecke zum Teil deutlich von den Vorgabewerten abweichen. Insbesondere tritt ein konjugiert komplexes Polpaar bei $-11.2 \pm j8.5$ auf. Beim Abklingvorgang, ausgehend vom Anfangs-Temperaturprofil $\theta(z, 0) \equiv 1$, bewirkt dieses ein Überschwingen im Ausgang (siehe Abb. 3), was ohne Spillover nicht auftritt.

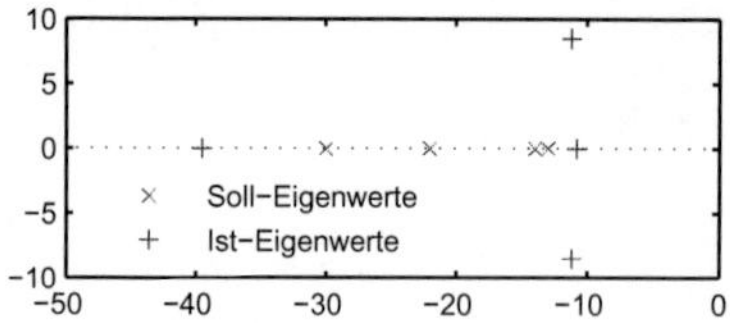

Abbildung 2: Lage der dominanten Eigenwerte des geregelten Systems im Vergleich zu den Vorgabewerten.

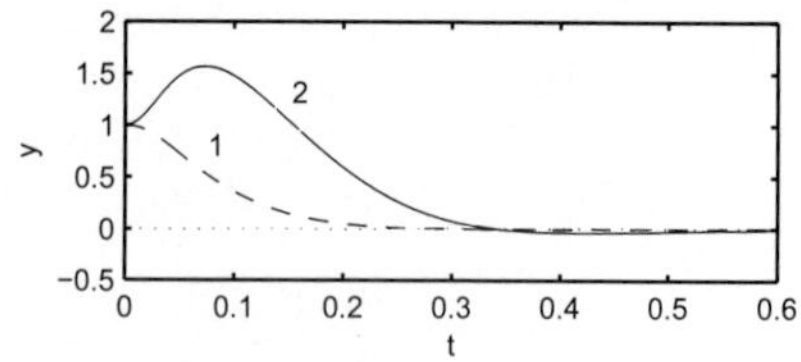

Abbildung 3: Verlauf des Ausgangs y bei einer Anfangsbedingung $\theta(z,0) \equiv 1$. (1) Verlauf ohne und (2) Verlauf mit Spillover.

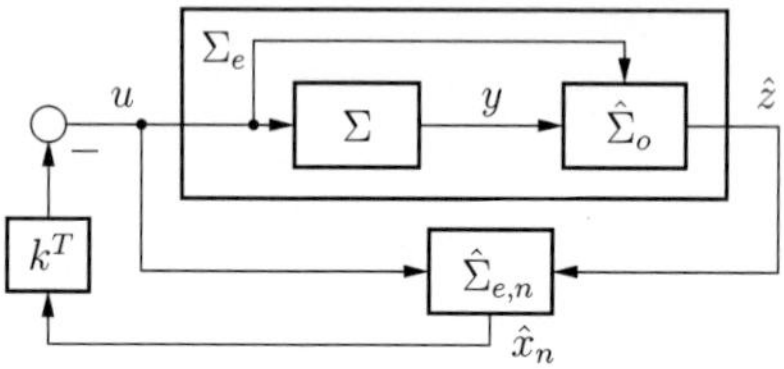

Abbildung 4: Strukturbild des Regelkreises mit Ausgangsbeobachter $\hat{\Sigma}_o$, auf dessen Ausgang $\hat{z}$ sich die Zustandsbeobachtung mittels $\hat{\Sigma}_{e,n}$ stützt.

4 Spillover-Reduktion durch dynamische Erweiterung der Strecke

Wie die Differentialgleichung (23) des Beobachtungsfehlers deutlich macht, ist das Auftreten von Spillover dem Umstand zuzuschreiben, dass aufgrund des Terms lc_R^T die Zustände x_R der vernachlässigten Dynamik den Beobachtungsfehler anregen. Da dieser wiederum die Restdynamik anregt, kann es – bildlich gesprochen – zum Hochschaukeln des Schätzfehlers und damit zu Instabilität kommen. Offenbar ist es wünschenswert, den Einfluss von x_R auf den Beobachter gering zu machen. Der Grundgedanke, auf dem die angestrebte Spillover-Reduktion basiert, ist es daher, statt des Ausgangs $y = c_n^T x_n + c_R^T x_R$ einen anderen Ausgang $z = \bar{c}_n^T x_n + \bar{c}_R^T x_R$ zu verwenden, bei dem der Vektor $\bar{c}_R^T$ betragsmäßig kleinere Elemente hat als c_R^T. Da die Strecke jedoch keinen alternativen Ausgang zur Verfügung stellt, behilft man sich damit einen *fiktiven Ausgang* zu rekonstruieren, wofür ein *Ausgangsbeobachter* $\hat{\Sigma}_o$ verwendet wird. Der eigentliche beobachterbasierte Zustandsregler wird dann in gewohnter Weise anhand eines Approximationsmodells entworfen, wobei nun nicht das Originalsystem, sondern das erweiterte System mit dem neuen Ausgang z approximiert wird. Der resultierende Zustandsbeobachter unterscheidet sich daher von dem Beobachter $\hat{\Sigma}_n$ für das Originalsystem und wird durch $\hat{\Sigma}_{e,n}$ symbolisiert. Die Struktur des resultierenden Regelungssystems ist in Abb. 4 wiedergegeben.

4.1 Beobachter zur Rekonstruktion fiktiver Ausgänge

Der Ausgangsbeobachter soll die Form

$$\hat{\Sigma}_o : \quad \dot{\hat{z}} = a_z \, \hat{z} + b_z \, u + y \tag{26}$$

besitzen und einen Näherungswert $\hat{z}$ für den neuen Ausgang z liefern. Dabei ist es entscheidend, dass der Beobachtungsfehler $z - \hat{z}$ exponentiell abklingt, und zwar unabhängig von allen anderen Systemzuständen. Es ist also

$$\dot{z} - \dot{\hat{z}} \stackrel{!}{=} a_z\,(z - \hat{z}), \qquad a_z < 0 \tag{27}$$

zu fordern, denn in diesem Fall gilt das Separationsprinzip für die ergänzte Dynamik. Dies hat zur Folge, dass die Regelkreisstabilität durch die Erweiterung nicht beeinflusst wird. Es ist nicht verwunderlich, dass die neuen Ausgangsvektoren $\bar{c}_n$, $\bar{c}_R$ nicht beliebig gewählt werden können, sondern erst bestimmt werden müssen. Differenzieren von $z = \bar{c}_n^T x_n + \bar{c}_R^T x_R$ und Einsetzen von (18) und (20) ergibt mit (26)

$$\dot{z} - \dot{\hat{z}} = \bar{c}_n^T\,(\Lambda_n\,x_n + b_n\,u) \;+\; \bar{c}_R^T\,(\Lambda_R\,x_R + b_R\,u) \;-\; (a_z\,\hat{z} + b_z\,u + y) \tag{28}$$

und nach Addieren der Nullsumme $a_z z - a_z(\bar{c}_n^T x_n + \bar{c}_R^T x_R)$ und Umsortieren erhält man

$$\begin{aligned}\dot{z} - \dot{\hat{z}} &= a_z(z - \hat{z})\\ &\quad + (\bar{c}_n^T(\Lambda_n - a_z I) - c_n^T)\,x_n + (\bar{c}_R^T(\Lambda_R - a_z I) - c_R^T)\,x_R + (\bar{c}_n^T b_n + \bar{c}_R^T b_R - b_z)\,u.\end{aligned} \tag{29}$$

Die Entwurfsgleichung (27) ist erfüllt, wenn die Klammern vor x_n, x_R und u in (29) verschwinden. Es ergibt sich daher

$$\bar{c}_n^T = c_n^T\,(\Lambda_n - a_z I)^{-1} = c_n^T \begin{bmatrix} (\lambda_{n,1} - a_z)^{-1} & & \\ & \ddots & \\ & & (\lambda_{n,n} - a_z)^{-1} \end{bmatrix} \tag{30}$$

$$\bar{c}_R^T = c_R^T\,(\Lambda_R - a_z I)^{-1} = c_R^T \begin{bmatrix} (\lambda_{R,1} - a_z)^{-1} & & \\ & (\lambda_{R,2} - a_z)^{-1} & \\ & & \ddots \end{bmatrix} \tag{31}$$

$$b_z = c_n^T(\Lambda_n - a_z I)^{-1} b_n + c_R^T(\Lambda_R - a_z I)^{-1} b_R = -G(a_z) \;\text{ mit }\; G(s) = \frac{y(s)}{u(s)}. \tag{32}$$

Die rechten Gleichheitsbeziehungen in (30) und (31) gelten aufgrund der Diagonalstruktur von Λ_n und Λ_R. Die Parametrierung der möglichen neuen Ausgangsvektoren in Abhängigkeit von a_z wird also durch (30)–(31) beschrieben, wobei a_z kein Streckeneigenwert sein darf und außerdem dadurch eingeschränkt ist, dass a_z die Dynamik des Ausgangsbeobachters festlegt (siehe (27)). Ungeklärt bleibt noch, ob der so rekonstruierte Ausgang z weniger durch die Zustände x_R angeregt wird als y. Dies wird im nächsten Abschnitt untersucht.

4.2 Spillover-Reduktion bei Verwendung des fiktiven Ausgangs

Im Folgenden wird die Auswirkung der dynamischen Systemerweiterung auf die Regelkreisdynamik diskutiert. Dabei interessiert insbesondere die Frage, ob die Beeinflussung des Beobachters durch die Restdynamik Σ_R bei Verwendung des fiktiven Ausgangs reduziert wird. Damit der Einsatz eines Beobachters

$$\hat{\Sigma}_{e,n}: \quad \dot{\hat{x}}_n = (\Lambda_n - l\,\bar{c}_n^T)\hat{x}_n + b_n u + l\hat{z} \tag{33}$$

für das erweiterte System ohne Einschränkungen an die Dynamikvorgabe möglich ist, muss zunächst geklärt werden, was über die Beobachtbarkeit des erweiterten Systems ausgesagt werden kann. Hierzu lässt sich zeigen (siehe [5]):

$$(A_n, \bar{c}_n^T) \textit{ ist genau dann beobachtbar, wenn } (A_n, c_n^T) \textit{ beobachtbar ist.} \tag{34}$$

Die Dynamik des Gesamtsystems wird durch

$$\begin{bmatrix} \dot{z}-\dot{\hat{z}} \\ \dot{x}_n-\dot{\hat{x}}_n \\ \dot{x}_n \\ \dot{x}_R \end{bmatrix} = \begin{bmatrix} a_z I & 0 & 0 & 0 \\ \bar{l} & \Lambda_n - \bar{l}\,\bar{c}_n^T & 0 & -\bar{\Delta} \\ 0 & b_n k^T & \Lambda_n - b_n k^T & 0 \\ 0 & b_R k^T & -b_R k^T & \Lambda_R \end{bmatrix} \begin{bmatrix} z-\hat{z} \\ x_n-\hat{x}_n \\ x_n \\ x_R \end{bmatrix} \tag{35}$$

mit

$$\bar{\Delta} = \bar{l}\,\bar{c}_R^T = \bar{l}\,c_R^T(\Lambda_R - a_z I)^{-1} \tag{36}$$

beschrieben. Ähnlich wie bei der Betrachtung der Regelkreisdynamik (25) bei der konventionellen Vorgehensweise ergibt sich der Systemoperator in (35) durch Überlagerung eines Operators mit den gewünschten Eigenwerten – dies sind die Eigenwerte von $a_z I$, $\Lambda_n - \bar{l}\,\bar{c}_n^T$, $\Lambda_n - b_n k^T$ und Λ_R – und einer Störung $\bar{\Delta}$. Da im Falle von $\bar{\Delta} = 0$ das geregelte System also die Solldynamik aufweist, wird $\|\bar{\Delta}\|$ im Folgenden als ein Maß für den Beobachtungs-Spillover aufgefasst. Dabei lässt sich die Norm als größter Singulärwert einer endlich-dimensionalen Matrix numerisch berechnen. Indem $\|\bar{\Delta}\|$ in (35) und $\|\Delta\|$ in (25) verglichen werden, wird der Vorteil quantifiziert, den die dynamische Erweiterung der Strecke in Bezug auf die Reduzierung des Spillovers bringt. Dabei könnte man einwenden, dass die Vergleichbarkeit dadurch beeinträchtigt wird, dass die Fehlerdynamik des Ausgangsbeobachters $\hat{\Sigma}_o$ in (35) enthalten ist, nicht jedoch in (25). Dem ist jedoch zu entgegnen, dass die Fehlerdynamik als unabhängige Teildynamik betrachtet werden kann, da hierfür ja das Separationsprinzip auch bei $\bar{\Delta} \neq 0$ gültig ist. Dies spiegelt die Block-Dreickstruktur in (35) wieder. Damit der Vergleich von $\|\bar{\Delta}\|$ mit $\|\Delta\|$ aussagekräftig ist, wird im Folgenden angenommen, dass die Zustandsbeobachter $\hat{\Sigma}_{e,n}$ und $\hat{\Sigma}_n$ (siehe (33) bzw. (22)) die selben Eigenwerte besitzen. Wenn $\lambda[A]$ die Menge der Eigenwerte einer Matrix A bezeichnet, dann ist also

$$\lambda[\Lambda_n - \bar{l}\,\bar{c}_n^T] = \lambda[\Lambda_n - l\,c_n^T] \tag{37}$$

zu fordern. Da die Eigenwerte einer Matrix durch eine Ähnlichkeitstransformation nicht verändert werden, gilt

$$\lambda[(\Lambda_n - a_z I)(\Lambda_n - l\,c_n^T)(\Lambda_n - a_z I)^{-1}] = \lambda[\Lambda_n - l\,c_n^T] \quad \text{für} \quad a_z \notin \lambda[\Lambda_n] \tag{38}$$

und berücksichtigt man den Zusammenhang $(\Lambda_n - a_z I)\Lambda_n(\Lambda_n - a_z I)^{-1} = \Lambda_n$, der aufgrund der Diagonalgestalt von Λ_n Gültigkeit besitzt, sofern a_z kein Eigenwert von Λ_n ist, dann zeigt der Vergleich von (37) mit (38) unter Verwendung von (30), dass

$$\bar{l} = (\Lambda_n - a_z I)l \tag{39}$$

zu wählen ist. In den jeweils *ungestörten* Systemoperatoren (25) und (35) treten dann die selben Beobachter- und Regelungseigenwerte auf, sowie die Eigenwerte der Restdynamik. Diese Feststellung ist notwendig, um das Verhältnis $\|\bar{\Delta}\|/\|\Delta\|$ als Maß für die erreichte Spillover-Reduktion zu rechtfertigen, dem sich folgende Aussage widmet.

Satz 1 *Es werde das Wärmeleitungssystem* (1)–(4) *betrachtet und angenommen, dass die Zustandsbeobachter* $\hat{\Sigma}_n$ *und* $\hat{\Sigma}_{e,n}$ *die selben Eigenwerte haben, von denen keiner mit einem Eigenwert von* Λ_n *zusammenfällt. Außerdem sei* $a_z \notin \lambda[A_n]$ *und* $a_z \notin \lambda[A_R]$. *Dann gilt*

$$\frac{\|\bar{\Delta}\|}{\|\Delta\|} \leq \frac{\max\limits_{1\leq i\leq n} |\lambda_{n,i} - a_z|}{\min\limits_{i\geq 1} |\lambda_{R,i} - a_z|}, \tag{40}$$

wobei $\lambda_{n,i}$ *die Eigenwerte von* Λ_n *und* $\lambda_{R,i}$ *die von* Λ_R *sind.*

Es sei angemerkt, dass eine ganz ähnliche Aussage für eine sehr viel größere Systemklasse gilt. In dem speziellen Fall des beispielhaften Wärmeleiters lässt sich (40) in wenigen Schritten zeigen. Einsetzen von (39) in (36) ergibt

$$\bar{\Delta} = (\Lambda_n - a_z I)\, l\, c_n^T\, (\Lambda_R - a_z I)^{-1} = (\Lambda_n - a_z I)\, \Delta\, (\Lambda_R - a_z I)^{-1}, \tag{41}$$

wobei für die rechte Gleichung (25) berücksichtigt wurde. Wegen $\|AB\| \leq \|A\|\|B\|$ gilt

$$\|\bar{\Delta}\| \leq \|\Lambda_n - a_z I\|\, \|(\Lambda_n - a_z I)^{-1}\|\, \|\Delta\|, \tag{42}$$

und aufgrund der Diagonalstruktur von Λ_n und Λ_R hat man

$$\Lambda_n - a_z I = \begin{bmatrix} \lambda_{n,1} - a_z & & \\ & \ddots & \\ & & \lambda_{n,n} - a_z \end{bmatrix}, \quad (\Lambda_R - a_z I)^{-1} = \begin{bmatrix} \frac{1}{\lambda_{R,1} - a_z} & & \\ & \frac{1}{\lambda_{R,2} - a_z} & \\ & & \ddots \end{bmatrix}. \tag{43}$$

Die (Spektral-) Norm einer Diagonalmatrix ist gleich dem größten Betrag der Diagonalelemente, d.h.

$$\|\Lambda_n - a_z I\| = \max_{i \leq 2n} |\lambda_{n,i} - a_z| \tag{44}$$

$$\|(\Lambda_R - a_z I)^{-1}\| = \max_{i \geq 1} \frac{1}{|\lambda_{R,i} - a_z|} = \frac{1}{\min_{i \geq 1} |\lambda_{R,i} - a_z|}, \tag{45}$$

$$\tag{46}$$

woraus der Quotient (40) folgt. Mit anderen Worten hat man also folgende qualitative Aussage:

Ist die Approximation Σ_n derart beschaffen, dass alle um a_z verschobenen Eigenwerte von Λ_R bedeutend weiter vom Ursprung der komplexen Ebene entfernt liegen als die um a_z verschobenen Eigenwerte von Λ_n, dann fällt die Norm der Störung des Systemoperators kleiner aus, wenn die Strecke um einen Ausgangsbeobachter erweitert wird, wobei (40) *eine Abschätzung für das Verhältnis liefert.*

Dieses Ergebnis soll nun anhand des Wärmeleiters für eine Approximationsordnung von $n = 2$ veranschaulicht werden. Zunächst erhält man für den realen Ausgang

$$y = c_n^T x_n + c_R^T x_R = \underbrace{[1 \quad -0.7]\; x_n}_{y_n} + \underbrace{[0 \quad 0.7 \quad -1.0 \quad 0.7 \quad 0 \quad -0.7 \quad \ldots]\; x_R}_{y_R}. \tag{47}$$

Es ist ersichtlich, dass die Zustände x_R der Restdynamik in erheblichem Maße in den Ausgang eingehen und gemäß (22) den Fehler der Zustandsrekonstruktion anregen. Im Gegensatz dazu ist der fiktive Ausgang z, den der Ausgangsbeobachter (26) für $a_z = -13$ zur Verfügung stellt, mit Blick auf (30)–(31) gegeben durch

$$\begin{aligned} z &= \bar{c}_n^T x_n + \bar{c}_R^T x_R = c_n^T \operatorname{diag}\left(\tfrac{1}{\lambda_1 - a_z}, \tfrac{1}{\lambda_2 - a_z}\right) x_n + c_R^T \operatorname{diag}\left(\tfrac{1}{\lambda_3 - a_z}, \tfrac{1}{\lambda_4 - a_z}, \ldots\right) x_R \\ &= \underbrace{[0.07 \quad -0.23]\; x_n}_{z_n} + \underbrace{[0 \quad -0.009 \quad 0.007 \quad -0.003 \quad 0 \quad 0.002 \quad \ldots]\; x_R}_{z_R}. \end{aligned} \tag{48}$$

Offensichtlich leisten hier die Zustände x_R weit weniger Beitrag zu z als zu y, sodass die Fehlerdynamik von $\hat{\Sigma}_{e,n}$ weniger angeregt wird als die von $\hat{\Sigma}_n$, was bedeutet dass der Beobachtungs-Spillover abgeschwächt ist. Die Ursache für diesen Reduktionsmechanismus ist, dass in die

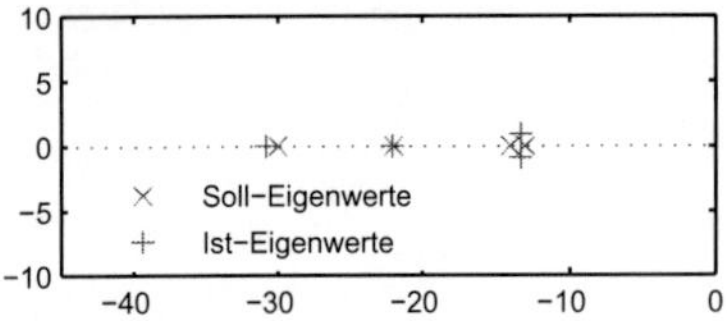

Abbildung 5: Lage der dominanten Eigenwerte des geregelten Systems im Vergleich zu den Vorgabewerten bei Verwendung eines Ausgangsbeobachters.

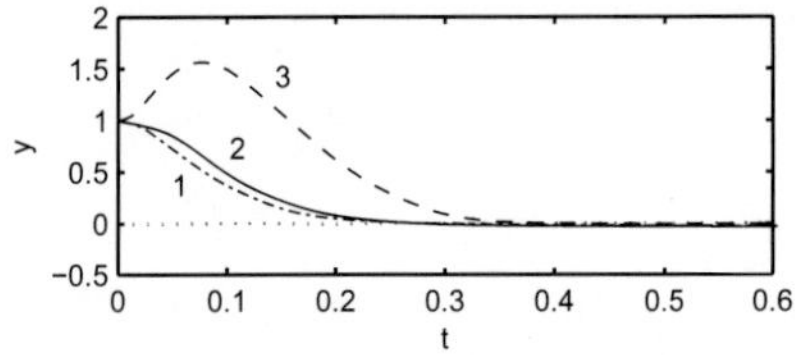

Abbildung 6: Verlauf des Ausgangs y bei einer Anfangsbedingung $\theta(z,0) \equiv 1$.
(1) Verlauf ohne Spillover, (2) Verlauf mit Ausgangsbeobachter, (3) Verlauf beim konventionellen Entwurf.

Gewichtung der Zustände der *Kehrwert* der (um a_z verschobenen) Eigenwerte eingeht. Da die Eigenwerte der Approximation mit $\lambda_1 = 0, \ \ \lambda_2 \approx -9.9$ relativ kleine Beträge aufweisen, wo hingegen die Eigenwerte $\lambda_3 \approx -40, \ \ \lambda_4 \approx -89, \ \ \lambda_4 \approx -158, \ldots$ des Fehlersystems für wachsendes i schnell große Beträge annehmen, werden die Gewichtungen für x_R rasch sehr klein. Das Verhältnis von $\|\bar{\Delta}\|$ und $\|\Delta\|$ im Beispiel ist

$$\frac{\|\bar{\Delta}\|}{\|\Delta\|} = 0.049 < 0.17, \tag{49}$$

wobei man die rechte Seite der Ungleichung aus der Abschätzung (40) erhält. Entwirft man die Zustandsbeobachter $\hat{\Sigma}_{e,n}$ und $\hat{\Sigma}_n$ so, dass

$$\lambda[\Lambda_n - b_n k^T] = \{-13, -14\} \quad \text{und} \quad \lambda[\Lambda_n - l\, c_n^T] = \lambda[\Lambda_n - \bar{l}\, \bar{c}_n^T] = \{-22, -30\}, \tag{50}$$

was der Vorgabe in Abschnitt 3 entspricht, dann ergibt sich die Eigenwertverteilung wie in Abb. 5 gegenübergestellt. Man sieht, dass die resultierenden Eigenwerte relativ nah bei den Vorgabewerten liegen im Vergleich zu den Regelkreiseigenwerten beim konventionellen Entwurf (siehe Abb. 2). Das Einschwingverhalten, ausgehend vom Anfangs-Temperaturprofil $\theta(z) \equiv 1$, hat sich ebenfalls wesentlich verbessert (vergleiche Abb. 2 und 6), was hauptsächlich dem Umstand zuzuschreiben ist, dass das konjugiert komplexe Eigenwertpaar beim konventionellen Entwurf nun deutlich stärker gedämpft auftritt. Es zeigt sich also, dass die Regelkreisdynamik bei Verwendung des Ausgangsbeobachters deutlich eher den Vorgaben entspricht als es bei der konventionellen Entwurfsmethode in Abschnitt 3 der Fall war, obwohl dort die doppelte Approximationsordnung von $n = 4$ betrachtet wurde.

5 Kaskadierung der Systemerweiterung

Eine Stärke der vorgestellten Methode besteht darin, dass sie mehrfach angewendet werden kann. Denn das erweiterte System Σ_e, bestehend aus Strecke Σ und Ausgangsbeobachter $\hat{\Sigma}_o$, lässt sich als Ausgangspunkt für den Entwurf eines weiteren Ausgangsbeobachters verwenden. Der fiktive Ausgang, den dieser bereitstellt, unterdrückt dann die Beiträge der Restdynamik noch stärker als es beim Ausgang des ersten Ausgangsbeobachters der Fall ist, vorausgesetzt das Verhältnis in (40) ist kleiner als Eins. Es ergibt sich dadurch eine kaskadierte Erweiterungsstruktur (siehe Abb. 7), die sich beliebig fortsetzen lässt um die Störung der Regelkreisdynamik sukzessive zu verkleinern. Bemerkenswert dabei ist, dass die Zustandsgleichungen (18) bzw.

(20) der Approximation bzw. des Fehlersystems durch Hinzufügen von Ausgangsbeobachtern unverändert bleiben. Es kommt zwar mit jedem Ausgangsbeobachter eine weitere Fehlerdynamik hinzu. Da diese aber nicht-steuerbar sind und für sie jeweils das Separationsprinzip Gültigkeit hat, brauchen sie beim Reglerentwurf nicht weiter berücksichtigt werden. Anders ist es jedoch mit den Ausgangsgleichungen (19) und (21). Bezeichnet man die Ausgangsvektoren im i-ten Erweiterungsschritt als $c_{n,i}^T$ bzw. $c_{R,i}^T$, dann sind diese nach dem nächsten Schritt durch $c_{n,i}^T(\Lambda_n - a_z I)^{-1}$ bzw. $c_{R,i}^T(\Lambda_R - a_z I)^{-1}$ zu ersetzen. Mit (30), (31) hat man daher bei Verwendung von r Ausgangsbeobachtern mit dem selben Eigenwert a_z

$$c_{n,r}^T = c_n^T \begin{bmatrix} \frac{1}{(\Lambda_{n,1}-a_z)^r} & & \\ & \ddots & \\ & & \frac{1}{(\lambda_{n,n}-a_z)^r} \end{bmatrix}, \quad c_{R,}^T = c_R^T \begin{bmatrix} \frac{1}{(\Lambda_{R,1}-a_z)^r} & & \\ & \frac{1}{(\lambda_{R,2}-a_z)^r} & \\ & & \ddots \end{bmatrix}. \tag{51}$$

Hieraus wird ersichtlich, dass die Verbesserung der Abschwächung höherer Moden exponentiell von der Anzahl an Ausgangsbeobachtern abhängt. Berücksichtigt man, dass die Verstärkung des Zustandsbeobachters in jedem Erweiterungsschritt im Sinne von (39) angepasst werden muss, so ergibt sich für die Störung Δ^r des Systemoperators bei r-facher Streckenerweiterung

$$\frac{\|\Delta^r\|}{\|\Delta\|} \le \left(\frac{\max\limits_{1\le i\le n} |\lambda_{n,i} - a_z|}{\min\limits_{i\ge 1} |\lambda_{R,i} - a_z|} \right)^r \tag{52}$$

unter den Voraussetzungen von Satz 1. Die Norm des Störterms kann also beliebig klein gemacht werden, wenn der Quotient in der Klammer kleiner als Eins ist. Anhand von Beispielen zeigt sich, dass das Verhältnis $\|\Delta^r\|/\|\Delta\|$ auch einen brauchbaren Anhaltspunkt für die Reduzierung der Abweichung der Regelkreiseigenwerte von den Vorgabewerten liefert. Eine hinreichende Bedingung dafür, dass die Abweichung bei sukzessiver Streckenerweiterung gegen Null strebt, konnte bisher aber nur unter stärkeren Anforderungen an den Abstand zwischen $\{\lambda_{n,i}, i \le n\}$ und $\{\lambda_{R,i}, i \ge 1\}$ angegeben werden.

6 Zusammenfassung

Die vorgestellte Methode zielt auf die Reduktion von Beobachtungs-Spillover ab, wobei an dem konventionellen Reglerentwurfskonzept mittels early lumping festgehalten wird. Denn das vorgestellte Verfahren kann so aufgefasst werden, dass nicht die Entwurfsmethode für den Regler verändert wird, sondern viel mehr die Strecke modifiziert wird. Im einfachsten Fall wird diese um einen Ausgangsbeobachter erweitert, der eine Linearkombination der Streckenzustände rekonstruiert, welche zum Lösen der Regelungsaufgabe geeigneter ist als der Streckenausgang. Höhere Reduktionsgrade können erzielt werden, indem die Strecke mehrfach erweitert wird.

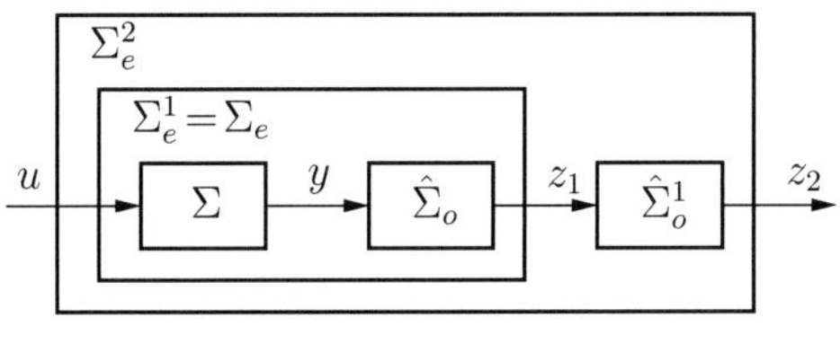

Abbildung 7: Strukturbild des erweiterten Systems mit zwei Ausgangsbeobachtern.

Literatur

[1] M. Balas, *Feedback control of flexible systems*, IEEE Transactions on Automatic Control, Vol. 23, S. 673–679, 1978.

[2] M. Balas, *Stable feedback control of linear distributed parameter systems: Time and frequency domain conditions*, Journal of Mathematical Analysis and Applications, Vol. 225, S. 144–167, 1998.

[3] R. Courant und D. Hilbert, *Methods of mathematical physics, Volume I*, Interscience Publishers, New York, 1965.

[4] D. Franke, *Systeme mit örtlich verteilten Parametern*, Springer-Verlag, 1987.

[5] Ch. Harkort und J. Deutscher, *Spillover reduction for linear distributed-parameter systems using dynamic extensions*. Eingereicht für die ECC 2009.

[6] L. Meirovitch und H. Baruh, *On the problem of observation spillover in self-adjoint distributed-parameter systems*, Journal of Optimization Theory and Applications, Vol. 39, Nr. 2, S. 269–291, 1983.

Efficient Order Reduction of Parametric and Nonlinear Models by Superposition of Locally Reduced Models

Boris Lohmann and Rudy Eid
Lehrstuhl für Regelungstechnik, Technische Universität München
Boltzmannstr. 15, 85748 Garching
E-Mail: lohmann@tum.de

In model reduction of nonlinear dynamical systems and of parametric systems, a known technique is to first represent the model as an interpolating superposition of some (linear or nonparametric) local models and to then apply a common order reducing projection to the overall model. This common projection must comprise relevant subspace information of all local models, and leads therefore to a relatively high reduced order. In this note, we present a remedy to this problem by separating the projection matrix into different subspaces applied individually to all the local models, leading to a significantly lower order, thereby making the reduction more efficient. In addition, by suitable state transformations, the state vector of the reduced interpolating model is given a clear physical interpretation.

1 Introduction

The modeling of dynamical systems often leads to large sets of ordinary differential equations. The high order of these models complicates analysis, system design and control. *Model order reduction* (MOR) aims at finding smaller sets of differential equations preserving or at least approximating the most important properties and the dynamic behavior of the original model.
For the reduction of *linear time-invariant* models, several well-established families of methods are available, like balancing and truncation [8, 1], Modal reduction [5], Krylov subspace methods [1, 7] and Proper orthogonal decomposition [1], all having their advantages and disadvantages. However, for the reduction of *nonlinear* models and of *parametric* models (where the parameters are desired to be preserved in the reduced model), only very few methods are available.
For the reduction of *nonlinear systems* of the form $\dot{\mathbf{x}} = \mathbf{f}(\mathbf{x}, \mathbf{u})$, *Proper Orthogonal Decomposition* (POD), e.g. [1, 9, 10] is widely used, requiring the so-called snapshots of the state trajectory, gained from a simulation of the full-order model with a suitably chosen input signal. The reduced order model[1] $\dot{\mathbf{x}}_\mathbf{r} = \mathbf{V}^T\mathbf{f}(\mathbf{V}\mathbf{x}_\mathbf{r}, \mathbf{u})$, however, requires the expensive evaluation of the full size vector of nonlinearities, $\mathbf{f}(.)$.
Another leading method for the reduction of nonlinear systems is the *Trajectory Piecewise Linear Approximation* (TPWL) [4] which represents the nonlinear model,

$$\dot{\mathbf{x}} = \mathbf{f}(\mathbf{x}) + \mathbf{B}\mathbf{u}, \mathbf{y} = \mathbf{C}\mathbf{x}, \tag{1}$$

by an interpolation between a number of s locally linear models,

$$\dot{\mathbf{x}} = \sum_{i=1}^{s} \omega_i(\mathbf{x}) \left[\mathbf{f}(\mathbf{x}_i) + \mathbf{A}_i(\mathbf{x} - \mathbf{x}_i) + \mathbf{B}\mathbf{u}\right], \mathbf{y} = \mathbf{C}\mathbf{x}. \tag{2}$$

[1]Here and subsequently it is assumed that the projector $\mathbf{V}$ is orthogonal, i.e. $\mathbf{V}^T\mathbf{V} = \mathbf{I}$ (unless otherwise noted).

$\mathbf{x}_i$ denotes s states (preferably chosen along the expected state trajectory) at which $\mathbf{f}(.)$ is evaluated together with the Jacobians $\mathbf{A}_i$ of $\mathbf{f}$. The $\omega_i(\mathbf{x})$ are weighting functions switching softly between the different models, thereby interpolating between them, depending on the actual state $\mathbf{x}$. The reduced model is found by applying a projection $\mathbf{V}$ to (2):

$$\dot{\mathbf{x}}_\mathbf{r} = \sum_{i=1}^{s} \omega_i(\mathbf{V}\mathbf{x}_r) \left[\mathbf{V}^T(\mathbf{f}(\mathbf{x}_i) + \mathbf{A}_i\mathbf{x}_i) + \mathbf{V}^T\mathbf{A}_i\mathbf{V}\mathbf{x}_r + \mathbf{V}^T\mathbf{B}\mathbf{u}\right], \quad \mathbf{y} = \mathbf{C}\mathbf{V}\mathbf{x}_r. \tag{3}$$

Other methods of nonlinear model reduction are, for instance, the system matrix optimization method [6] and the simulation-free approach [3].

For the reduction of *linear parametric models* expressed with a vector $\mathbf{p}$ of parameters

$$\dot{\mathbf{x}} = \mathbf{A}(\mathbf{p})\mathbf{x} + \mathbf{B}\mathbf{u}, \ \mathbf{y} = \mathbf{C}\mathbf{x}, \tag{4}$$

a generalization of moment matching to multivariate moments has been presented in [11]. Under certain assumptions, the projection $\mathbf{V}$ can then be calculated, such that the reduced model

$$\dot{\mathbf{x}}_r = \mathbf{V}^T\mathbf{A}(\mathbf{p})\mathbf{V}\mathbf{x}_r + \mathbf{V}^T\mathbf{B}\mathbf{u}, \ \mathbf{y} = \mathbf{C}\mathbf{V}\mathbf{x}_r, \tag{5}$$

not only matches some of the first moments of the transfer function $\mathbf{G}(s, \mathbf{p})$ with respect to s, but also with respect to the parameters. However, this method suffers from the curse of dimensionality where the order of the reduced system, i. e. number of columns in the projection matrix $\mathbf{V}$ grows very rapidly even for a low number of parameters.

Obviously, an interpolating representation of the parametric model (4) is immediately possible in the way of equation (2)[13]:

$$\dot{\mathbf{x}} = \sum_{i=1}^{s} \omega_i(\mathbf{p}) \left[\mathbf{A}(\mathbf{p}_i)\mathbf{x} + \mathbf{B}\mathbf{u}\right], \ \mathbf{y} = \mathbf{C}\mathbf{x}, \tag{6}$$

The parametric matrix $\mathbf{A}(\mathbf{p})$ needs only to be known and evaluated at s discrete values of the vector $\mathbf{p}$. This significantly simplifies in many practical cases the modelling process, where it is often impossible to assume or obtain an affine parameter dependency. Accordingly, the reduced model by projection is

$$\dot{\mathbf{x}}_r = \sum_{i=1}^{s} \omega_i(\mathbf{p}) \left[\mathbf{V}^T\mathbf{A}(\mathbf{p}_i)\mathbf{V}\mathbf{x}_r + \mathbf{V}^T\mathbf{B}\mathbf{u}\right], \ \mathbf{y} = \mathbf{C}\mathbf{V}\mathbf{x}_r. \tag{7}$$

Interpolation between linear models is also possible in the frequency domain: In [12], a soft switching between linear reduced order transfer functions (valid for different parameters) is suggested. The reductions are proposed to be done by Balancing and Truncation.

A difficulty of the interpolating reduced models (3) and (7) is the fact that the projection +V must include the relevant subspace information from *all* the full order local models simultaneously. This increases the number q of the columns of $\mathbf{V}$ (in particular with growing number s of local models), thereby *increasing* the order q of the reduced model *significantly*. For instance, if $\mathbf{V}$ is calculated to match only one moment of each of the s involved models, then the reduced order will be s, while reducing a single model and matching only one moment would lead to order one.

To solve this problem, a general framework is subsequently introduced, allowing to *separately* reduce all the local models by using separate subspaces. Thereby, the order of the reduced

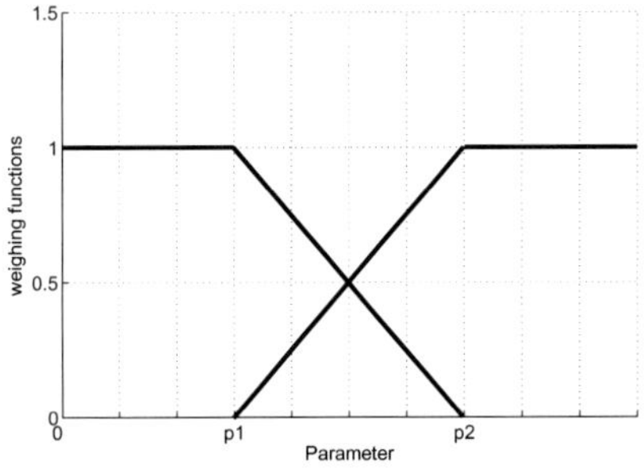

Figure 1: Possible choice of the weighting functions.

model can be reduced by a factor of up to s. It is illustrated, that the procedure can efficiently be applied in (i) Reducing linear parametric models by interpolating between linear non-parametric models, (ii) Reducing nonlinear dynamical systems by interpolating between linear ones (like in TPWL), and (iii) Reducing nonlinear parametric models by interpolating between linear or nonlinear non-parametric ones. An example is given in section 5.

2 Subspace separation in parametric model reduction

To ease the presentation, a linear time-invariant state-space model with only one scalar parameter $p \in [p_1, p_2]$ is considered,

$$\dot{\mathbf{x}} = \mathbf{A}(p)\mathbf{x} + \mathbf{B}(p)\mathbf{u}, \ \mathbf{y} = \mathbf{C}(p)\mathbf{x}. \tag{8}$$

No assumptions are made on how the parameter p affects $\mathbf{A}$, $\mathbf{B}$ and $\mathbf{C}$. However for now, it is assumed that $\mathbf{A}(p)$, $\mathbf{B}(p)$, and $\mathbf{C}(p)$ are only known for the specific values p_1 and p_2 of p. Then, the system (8) can be approximated by

$$\dot{\mathbf{x}} = \omega_1(p)\left[\mathbf{A}(p_1)\mathbf{x} + \mathbf{B}(p_1)\mathbf{u}\right] + \omega_2(p)\left[\mathbf{A}(p_2)\mathbf{x} + \mathbf{B}(p_2)\mathbf{u}\right], \tag{9}$$

$$\mathbf{y} = \omega_1(p)\mathbf{C}(p_1)\mathbf{x} + \omega_2(p)\mathbf{C}(p_2)\mathbf{x}, \tag{10}$$

where the weights $\omega_1(p), \omega_2(p)$ switch softly between the two models, for instance according to figure 1. Obviously, $\omega_1(p) + \omega_2(p) = 1$ is a reasonable choice that keeps the time scale of the dynamic system unchanged.

2.1 Step 1: Subspace Separation

Different from (3) and (7), the two models $\mathbf{A}(p_1)$, $\mathbf{B}(p_1)$, and $\mathbf{C}(p_1)$, and $\mathbf{A}(p_2)$, $\mathbf{B}(p_2)$, and $\mathbf{C}(p_2)$ are separately reduced, using separate subspaces represented in separate projection matrices $\mathbf{V}_1$ and $\mathbf{V}_2$. These projection matrices can be, for instance, calculated by Balancing and Truncation, by a Modal approach, by POD, or by Krylov subspace methods.
Applying the projections to both models leads to the reduced systems

$$\dot{\mathbf{x}}_{1r} = \mathbf{V}_1^T\mathbf{A}(p_1)\mathbf{V}_1\mathbf{x}_{1r} + \mathbf{V}_1^T\mathbf{B}(p_1)\mathbf{u}, \quad \hat{\mathbf{y}}_1 = \mathbf{C}(p_1)\mathbf{V}_1\mathbf{x}_{1r} \tag{11}$$

$$\dot{\mathbf{x}}_{2r} = \mathbf{V}_2^T\mathbf{A}(p_2)\mathbf{V}_2\mathbf{x}_{2r} + \mathbf{V}_2^T\mathbf{B}(p_2)\mathbf{u}, \quad \hat{\mathbf{y}}_2 = \mathbf{C}(p_2)\mathbf{V}_2\mathbf{x}_{2r} \tag{12}$$

2.2 Step 2: State Transformations

Because the two projections differ, the state vectors $\mathbf{x}_{1r}$ and $\mathbf{x}_{2r}$ have different physical meaning and their time-derivatives can no longer be added up like in (3) and (7). Therefore, two *state transformations* are subsequently introduced, giving both state vectors the *same physical interpretation*. The approximations of $\mathbf{x}$ gained from the reduced models are:

$$\hat{\mathbf{x}}_{from\ model\ 1} = \mathbf{V}_1\mathbf{x}_{1r}, \quad \hat{\mathbf{x}}_{from\ model\ 2} = \mathbf{V}_2\mathbf{x}_{2r} \tag{13}$$

Now, q *technically important* state variables are chosen from the original state vector $\mathbf{x}$ and the corresponding rows of $\mathbf{V}_1$ and $\mathbf{V}_2$ are combined into the square matrices $\mathbf{T}_1$ and $\mathbf{T}_2$, respectively. Then, the q chosen state variables, combined into $\mathbf{x}_1^*$ and $\mathbf{x}_1^*$ are approximately

$$\hat{\mathbf{x}}_1^* = \mathbf{T}_1\mathbf{x}_{1r}, \quad \hat{\mathbf{x}}_2^* = \mathbf{T}_2\mathbf{x}_{2r}. \tag{14}$$

Both state vectors have the same physical meaning, and therefore, after applying $\mathbf{T}_1$ and $\mathbf{T}_2$ as state transformations to (11),(12), these two models can be combined leading to the final reduced model

$$\begin{aligned} \dot{\mathbf{x}}_r^* = \quad & \omega_1(p)\left[\mathbf{T}_1\mathbf{V}_1^T\mathbf{A}(p_1)\mathbf{V}_1\mathbf{T}_1^{-1}\mathbf{x}_r^* + \mathbf{T}_1\mathbf{V}_1^T\mathbf{B}(p_1)\mathbf{u}\right] + \\ & \omega_2(p)\left[\mathbf{T}_2\mathbf{V}_2^T\mathbf{A}(p_2)\mathbf{V}_2\mathbf{T}_2^{-1}\mathbf{x}_r^* + \mathbf{T}_2\mathbf{V}_2^T\mathbf{B}(p_2)\mathbf{u}\right], \end{aligned} \tag{15}$$

$$\hat{\mathbf{y}} = \quad \omega_1(p)\mathbf{C}(p_1)\mathbf{V}_1\mathbf{T}_1^{-1}\mathbf{x}_r^* + \omega_2(p)\mathbf{C}(p_2)\mathbf{V}_2\mathbf{T}_2^{-1}\mathbf{x}_r^*. \tag{16}$$

Note that at any time t and for any value of p, only *one* reduced model of order q results and is to be evaluated in the numerical simulations. This would be different, if we would interpolate the *outputs* of different parallel-running reduced models. In this case, the reduced order would be $2q$.
Obviously, a generalization for s interpolation points $p_1, \ldots, p_s$ (instead of only p_1, p_2) is

$$\dot{\mathbf{x}}_r^* = \sum_{i=1}^{s} \omega_i(p)\left[\mathbf{T}_i\mathbf{V}_i^T\mathbf{A}(p_i)\mathbf{V}_i\mathbf{T}_i^{-1}\mathbf{x}_r^* + \mathbf{T}_i\mathbf{V}_i^T\mathbf{B}(p_i)\mathbf{u}\right], \tag{17}$$

$$\hat{\mathbf{y}} = \sum_{i=1}^{s} \omega_i(p)\mathbf{C}(p_i)\mathbf{V}_i\mathbf{T}_i^{-1}\mathbf{x}_r^*. \tag{18}$$

p can be a *vector* of parameters as well; The weights $\omega_i(p)$ are then multidimensional.

2.3 Remarks

- In the result (17), each subsystem is reduced with the local projection matrix $\mathbf{V}_i$ designed for it. The reduced system's order is q, instead of $q.s$ when a common projector combined of s local projections each of dimension q is used. In both cases, when reducing by moment matching for instance, the number of moments matched at the interpolation points is q.

- Sometimes, using *oblique* projections $\mathbf{W}_i^T$, $\mathbf{V}_i$ (with $\mathbf{W}_i^T\mathbf{V}_i \neq \mathbf{I}$) instead of $\mathbf{V}_i^T$,$\mathbf{V}_i$ is desired, for instance, in two-sided Krylov-subspace reduction. In this case, in the results (17), the terms $\mathbf{V}_i^T\mathbf{A}(p_i)$ and $\mathbf{V}_i^T\mathbf{B}(p_i)$ are to be substituted by $\left(\mathbf{W}_i^T\mathbf{V}_i\right)^{-1}\mathbf{W}_i^T\mathbf{A}(p_i)$ and $\left(\mathbf{W}_i^T\mathbf{V}_i\right)^{-1}\mathbf{W}_i^T\mathbf{B}(p_i)$, respectively.

- For finding the matrices $\mathbf{T}_i$, q technically important state variables from the full state vector $\mathbf{x}$ have been chosen. With this choice, the state vector $\mathbf{x}_r^*$ of the reduced model has a *clear physical interpretation* as it directly approximates the corresponding original state variables. If from technical considerations such a choice is impossible or leads to singular or badly conditioned matrices $\mathbf{T}_i$, then the following systematic choice is to be employed: Define the q variables to be some linear combination of the original state variables, $\mathbf{x}^* = \mathbf{R}\mathbf{x}$, where $\mathbf{R}$ is a (q, n)-matrix of full rank. The resulting transformation matrices are then

$$\mathbf{T}_i = \mathbf{R}\mathbf{V}_i. \tag{19}$$

  The best conditioning of $\mathbf{T}_i$ occurs when $\mathbf{T}_i = \mathbf{R}\mathbf{V}_i \approx \mathbf{I}$. Hence, a possible choice is

$$[\mathbf{I} \cdots \mathbf{I}] \approx \mathbf{R}\,[\mathbf{V}_1 \cdots \mathbf{V}_s] \;\Rightarrow\; \mathbf{R}\,[\mathbf{I} \cdots \mathbf{I}]\,[\mathbf{V}_1 \cdots \mathbf{V}_s]^+ . \tag{20}$$

  If $n > q.s$, then R provides an exact solution in most cases, i.e. $\mathbf{T}_i = \mathbf{I}$.

- Stability of the reduced model can be investigated by finding a common Lyapunov function, e. g. [14] for all the linear local models simultaneously activated by their weights ω_i.

- The superposition of local models can be also done with systems of the type $\mathbf{E}(\mathbf{p})\dot{\mathbf{x}} = \mathbf{A}(\mathbf{p})\mathbf{x} + \mathbf{B}(\mathbf{p})\mathbf{u}$. By multiplication with a non-singular matrix from the left, different representations can be generated, leading to different options of how to represent the reduced model. One option is

$$\sum_{i=1}^{s} \omega_i(p)\left[\mathbf{T}_i\mathbf{V}_i^T\mathbf{E}(p_i)\mathbf{V}_i\mathbf{T}_i^{-1}\right]\dot{\mathbf{x}}_r^* = \sum_{i=1}^{s} \omega_i(p)\left[\mathbf{T}_i\mathbf{V}_i^T\mathbf{A}(p_i)\mathbf{V}_i\mathbf{T}_i^{-1}\mathbf{x}_r^* + \mathbf{T}_i\mathbf{V}_i^T\mathbf{B}(p_i)\mathbf{u}\right].$$

3 Subspace separation in nonlinear reduction

Steps 1 and 2 of the previous section can be similarly applied to a nonlinear system (1) and its approximation by s local linear models (2). The s linear models $(\mathbf{A}_i, \mathbf{B}, \mathbf{C})$ are reduced separately by individual projections $\mathbf{V}_i$. Before recombining the reduced models, all the state vectors are given the same physical meaning by applying the transformations $\mathbf{T}_i$ from (19) with $\mathbf{R}$ from (20). The reduced model is then:

$$\dot{\mathbf{x}}_r^* = \sum_{i=1}^{s} \omega_i(\mathbf{V}_i\mathbf{T}_i^{-1}\mathbf{x}_r^*)\mathbf{T}_i\mathbf{V}_i^T\left[\mathbf{f}(\mathbf{x}_i) - \mathbf{A}_i\mathbf{x}_i + \mathbf{A}_i\mathbf{V}_i\mathbf{T}_i^{-1}\mathbf{x}_r^* + \mathbf{B}\mathbf{u}\right], \tag{21}$$

$$\hat{\mathbf{y}} = \sum_{i=1}^{s} \omega_i(\mathbf{V}_i\mathbf{T}_i^{-1}\mathbf{x}_r^*)\mathbf{C}\mathbf{V}_i\mathbf{T}_i^{-1}\mathbf{x}_r^*. \tag{22}$$

The weights ω_i are updated with the state vector. This is different from (17) where an update of ω_i only occurs, when a parameter changes. Moreover, the weights ω_i here depend on $\mathbf{V}_i\mathbf{T}_i^{-1}$. Therefore, at each evaluation time, they should be normalized to sum up to one,

$$\omega_{i,normalized} = \frac{\omega_i}{\omega_1 + \ldots + \omega_s}. \tag{23}$$

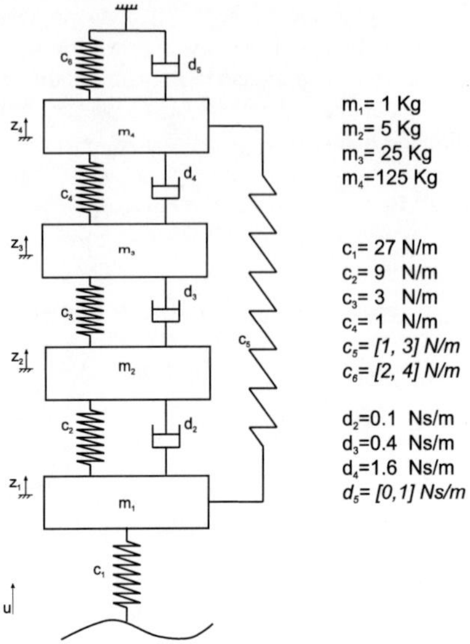

Figure 2: A schematic of the considered spring-mass-damper system.

4 Subspace separation in nonlinear parametric reduction

The most general case occurs when a nonlinear parametric model is approximated by a weighted sum of parametric models[2] as follows:

$$\dot{\mathbf{x}} = \sum_{i=1}^{s} \omega_i(\mathbf{x}, \mathbf{p})\mathbf{f}_i(\mathbf{x}, \mathbf{x}_i, \mathbf{p}_i), \tag{24}$$

where the vectors $\mathbf{f}_i$ can either be linear or nonlinear in $\mathbf{x}$ and can be valid for certain states $\mathbf{x}_i$ or for certain parameter sets $\mathbf{p}_i$ or for both. The reduced model of order q is then

$$\dot{\mathbf{x}}_r^* = \sum_{i=1}^{s} \omega_i(\mathbf{V}_i\mathbf{T}_i^{-1}\mathbf{x}_r^*, \mathbf{p})\mathbf{T}_i\mathbf{V}_i^T\mathbf{f}_i(\mathbf{V}_i\mathbf{T}_i^{-1}\mathbf{x}_r^*, \mathbf{x}_i, \mathbf{p}_i). \tag{25}$$

A reduction procedure that can be applied here is POD, where the snapshots defining $\mathbf{V}_i$ are taken locally in those parts of the state space where ω_i is large.

5 Numerical example

In order to illustrate the framework presented in this paper, we apply it for the reduction of an academic spring-mass-damper system, which schematic and parameter values are shown in

[2]Input u and output y omitted for simplicity.

figure 2. The equations of motion describing the system's dynamics are the following:

$$
\begin{aligned}
m_1\ddot{z}_1 &= (u - z_1)c_1 + (z_2 - z_1)c_2 + (\dot{z}_2 - \dot{z}_1)d_2 + (z_4 - z_1)c_5,\\
m_2\ddot{z}_2 &= (z_1 - z_2)c_2 + (\dot{z}_1 - \dot{z}_2)d_2 + (z_3 - z_2)c_3 + (\dot{z}_3 - \dot{z}_2)d_3,\\
m_3\ddot{z}_3 &= (z_2 - z_3)c_3 + (\dot{z}_2 - \dot{z}_3)d_3 + (z_4 - z_3)c_4 + (\dot{z}_4 - \dot{z}_3)d_4,\\
m_4\ddot{z}_4 &= (z_3 - z_4)c_4 + (\dot{z}_3 - \dot{z}_4)d_4 + (z_1 - z_4)c_5 - \dot{z}_4 d_5 - z_4 c_6.
\end{aligned}
$$

Setting the state vector $\mathbf{x} = [z_1, \dot{z}_1, z_2, \dot{z}_2, z_3, \dot{z}_3, z_4, \dot{z}_4]$, the input to a displacement acting on the spring c_1, and the output to the position of the mass m_4, leads to a state-space model of order 8. As the stiffness and damping c_5 and d_5 and the stiffness c_6 vary within a certain given interval (see figure 2), the resulting model is a parametric model. In order to keep the considerations simple, these three variable parameters are combined to just one parameter α, such that $c_5 = (1 + 2\alpha)$, $d_5 = \alpha$ and $c_6 = (2 + 2\alpha)$. Hence, by increasing α from 0 to 1, the parameters c_5, d_5 and c_6 are shifted within their corresponding intervals (figure 2). As a result, a state space model with a matrix $\mathbf{A}(\alpha)$ is obtained and is to be reduced while preserving this parameter dependency. At the first step, two models calculated at the lower and upper bounds of the parameter α are generated (with significantly different resonance peaks) and denoted *model 1* and *model 2*. Then, each of them is locally reduced using a two-sided Krylov-based approach with $s_0 = 0$, leading to two nonparametric reduced order models *modred 1* and *modred 2*, each of order 4 (see figures 3 and 4). Now, these reduced models are interpolated by

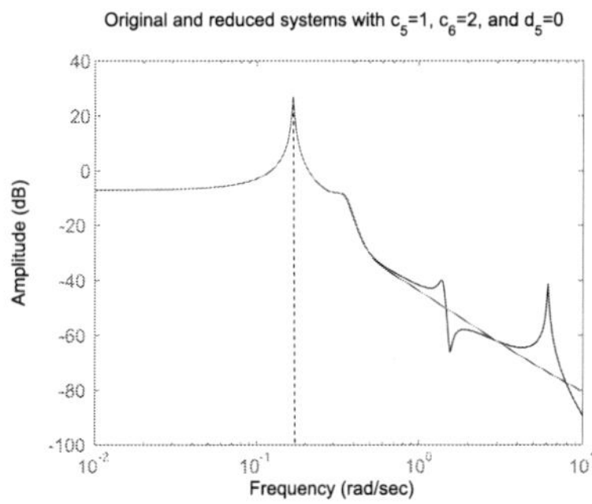

Figure 3: Amplitude of the Bode Diagram of *model 1* and *modred 1* ($\alpha = 0$).

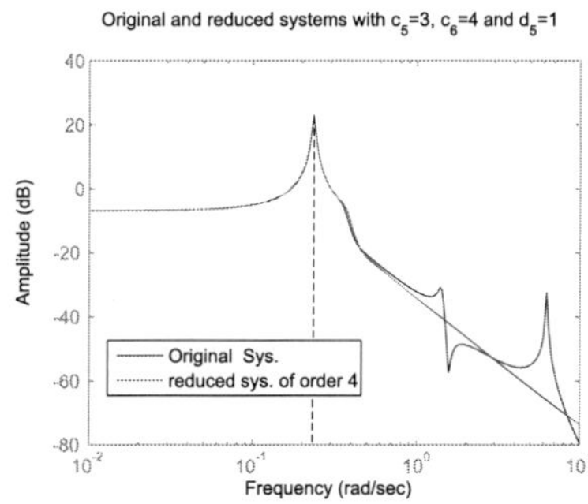

Figure 4: Amplitude of the Bode Diagram of *model 2* and *modred 2* ($\alpha = 1$).

eq. (15) with $\omega_1(\alpha) = (1 - \alpha)$ and $\omega_2(\alpha) = \alpha$ (similar to figure 1) and $\alpha \in [0, 1]$. For instance, when $\alpha = 0.5$ (middle of the parameter interval), the obtained reduced model averages the reduced models *modred 1* and *modred 2* and has an order of 4.

To judge the quality of this reduced model, it is compared to the original model of order 8 with the parameters $c_5 = 2$, $c_6 = 3$, and $d_5 = 0.5$ (middle of their corresponding intervals), denoted *model 3*. Furthermore, a reduced order model (denoted by *CP-sys*) is calculated using a common projection matrix formed by the first two columns of each of the projection matrices used to reduce *model 1* and *model 2*, then combined as shown in eq. (7). Finally, a reduced order model, denoted as *local-sys*, is found by a local projection matrix calculated from *model 3*. Note that this reduction does not lead to a parametric reduced model, however offers the 'best'

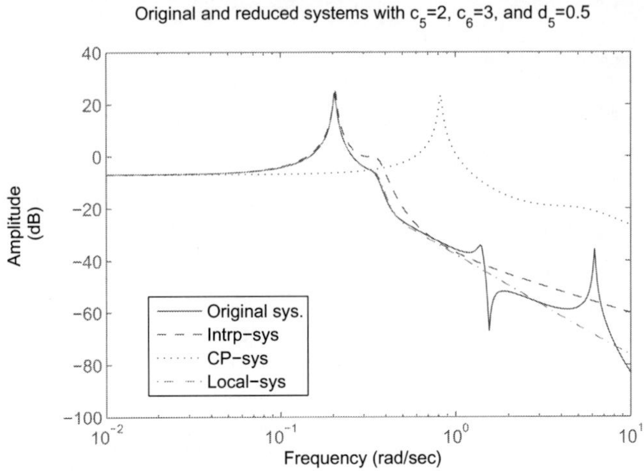

Figure 5: Amplitude of the Bode Diagram of the original and reduced models of different methods.

approximation, as it can be seen in figure 5. The reduced model obtained using the new framework is very close to the local reduced model and clearly superior to the one obtained by a common projection matrix.

6 Conclusions and Outlook

A framework for order reduction of models represented by an interpolating superposition of linear/nonlinear/parametric/non-parametric models has been presented. These local models can now be reduced separately, leading to lower order reduced systems than with a joint projector. The reduced order is also lower than by interpolating between different reduced transfer functions, since at any time t and for any parameter set $\mathbf{p}_i$ the system order is constant and equal to q. Several open questions have still to be treated, like (i) Can the order of the reduced model be changed along the state trajectory or with changing parameters? (ii) What reduction methods allow for finding error bounds or at least stability guarantee in nonlinear reduction? (iii) How are the parameters of the reduction methods to be chosen?

References

[1] A. C. Antoulas, *Approximation of Large-Scale Dynamical Systems*, SIAM, 2005.

[2] R. Eid, *Time domain Model Reduction by Moment Matching*, Ph.D thesis, Institute of Automatic Control, Technische Universität München, 2009.

[3] B. Salimbahrami and B. Lohmann, A Simulation Free Nonlinear Model Order Reduction Approach and Comparison Study, *Proceedings of the 4th MATHMOD*, (2003), 429–435.

[4] M. Rewienski and J. White, A Trajectory Piecewise-linear Approach to Model Order Reduction and Fast Simulation of Nonlinear Circuits and Micromachined Devices, *IEEE Transactions on Computer-Aided Design of Integrated Circuits and Systems*, **22**, (2003), 155–170.

[5] A. Varga, Enhanced modal approach for model reduction, *Math. Model. Syst.*, **1**, (1995), 91–105.

[6] B. Lohmann, Application of model order reduction to a hydropneumatic vehicle suspension, *IEEE Transactions on Control Systems Technology*, **3(2)**, (1995), 102–109.

[7] R. W. Freund, Model reduction methods based on Krylov subspaces. *Acta Numerica*, **12**, (2003), 267–319.

[8] B. C. Moore, Principal Component Analysis in Linear Systems: Controllability, Observability and Model Reduction. *IEEE Trans. Aut. Control*, **26**, (1981), 17–32.

[9] A. J. Newmann, Model Reduction via the Karhunen-Loeve Expansion, Part I: an Expansion. *Technical Report T.R. 96-32*, Institute for Systems Research, University of Maryland, Maryland, 1996.

[10] A. J. Newmann, Model Reduction via the Karhunen-Loeve Expansion, Part II: Some Elementary Example. *Technical Report T.R. 96-32*, Institute for Systems Research, University of Maryland, Maryland, 1996.

[11] L. Daniel, C. S. Ong, S. C. Low, K. H. Lee, and J. K. White. A multiparameter moment matching model reduction approach for generating geometrically parameterized interconnect performance models. *IEEE Trans. on Computer-Aided Design of Integrated Circuits and Systems*, **23(5)**, (2004), 678–693.

[12] U. Baur, P. Benner: Parametrische Modellreduktion mit dünnen Gittern, *GMA-Fachausschuss 1.30, Modellbildung, Identifizierung und Simulation in der Automatisierungstechnik*, Salzburg, September 2008, ISBN 978-3-9502451-3-4.

[13] B. Haasdonk, M. Ohlberger: Efficient Reduced Models for Parametrized Dynamical Systems by Offline/Online Decomposition, *Proc. of the 6th MATHMOD*, Vienna, 2009.

[14] K. Wulf: *Quadratic and Non-Quadratic Stability Criteria for Switched Linear Systems*, Ph.D Thesis, Hamilton Institute, NUI Maynooth, Ireland, 2005.

On the stability of Krylov-based order reduction using invariance properties of the controllability subspace

Rosa Castañé-Selga, Rudy Eid and Boris Lohmann
Lehrstuhl für Regelungstechnik, Technische Universität München
Boltzmannstr. 15, 85748 Garching
E-Mail: rosa.castane@tum.de

This article presents an algorithm to achieve stable reduced models using Krylov-based model order reduction for discrete time systems while matching a certain number of Markov parameters. By using the invariance properties of the controllability matrix suitable input and output Krylov subspaces are derived. The method is illustrated performing model reduction of four well-known benchmark problems.

1 Introduction

When the problem of control, design or simulation of large-scale systems is tackled, many difficulties that make the task often very difficult or even impossible, arise, mainly due to the high computational complexity of the involved algorithms which is commonly around $\mathcal{O}(n^3)$. This drawback generally limits the application of these approaches to systems of a few hundreds of states.

A possible solution to this problem is the reduction of the number of states of the system. To this aim, Krylov subspace methods are among the best choices nowadays, mainly because of their low computational complexity $\sim \mathcal{O}(n^2k)$ and low memory storage requirements $\sim \mathcal{O}(n^2k)$ (with k the order of the reduced system). Briefly, the method consists on the projection of the large scale system into a particular subspace that can be chosen such that some properties of the original system are preserved. By now, these methods have also important drawbacks as no global bound for the approximation error exists and stability is not necessarily preserved. In this article, the problem of stability preservation in Krylov-based order reduction will be studied.

The literature in stability preserving Krylov-based model reduction can be divided in passivity preserving methods and stability preserving methods. As passive systems are a subgroup of stable systems passivity preserving methods preserve stability ([Fre00, OCP98]) for a given passive original system. The main drawback of these methods is that passivity is a property restricted to a narrow set of dynamical systems. An interesting group of passivity preserving methods are the *interpolation based methods*. In [Sor05], an interpolation based algorithm to preserve passivity is presented. The work is inspired by [Ant05b], where passivity is characterized through some interpolation conditions. The main result is that using interpolation at some *spectral zeros* of the original transfer function of the system, the reduced system preserves passivity and has the poles in the previous spectral zeros locations. This approach is theoretically very interesting, however, it has some practical drawbacks: the choice of some design parameters such as which spectral zeros are to be chosen or how to efficiently compute these spectral zeros, is not clear.

In the group of stability preserving methods, there are some works that preserve this property via post-processing ([BFF97, Gri97, JK97]). These works are mostly implemented for the SISO case and have a relatively high numerical effort compared to the classical case. In addition, they cannot preserve the moment matching after deleting the unstable poles, and can not always

guarantee to find a stable reduced model with a finite number of restarts. On the other side, in [GA06, You06, Ant07] Krylov based approximation methods that combine guaranteed stability and moment matching are presented. However, these approaches are computationally too expensive due to the computation of Lyapunov equations or, in the case of the last work, they are not applicable due to important numerical problems.
In this article, invariance properties of the controllability subspace will be used to design a Krylov-based model order reduction method which preserves stability of the reduced models.

2 Preliminaries

In this section the basic aspects of the formulation that will be used in the article will be explained. Consider a linear time invariant dynamical in state space representation:

$$\dot{\mathbf{x}}(t) = \mathbf{F}\mathbf{x}(t) + \mathbf{G}\mathbf{u}(t), \tag{1}$$

$$\mathbf{y}(t) = \mathbf{H}\mathbf{x}(t) + \mathbf{J}\mathbf{u}(t), \tag{2}$$

where $x(t) \in \mathbb{R}^n$ is the state vector, $u(t) \in \mathbb{R}$ the input of the system, $y(t) \in \mathbb{R}$ the output, $\mathbf{F} \in \mathbb{R}^{n\times n}$ the state matrix, $\mathbf{g} \in \mathbb{R}^n$ the input matrix, $\mathbf{h}^T \in \mathbb{R}^n$ is the output-state matrix and $\mathbf{J} \in \mathbb{R}$ the output matrix. For the ease of presentation, only the single-input single-output (SISO) case will be tackled. However, the results can be easily extended to the multi-input multi-output case (MIMO).
The SISO dynamical system presented in Eq. (1) has the following transfer function:

$$G(s) = \mathbf{h}(s\mathbf{I} - \mathbf{F})^{-1}\mathbf{g} + J \equiv \left[\begin{array}{c|c} \mathbf{F} & \mathbf{g} \\ \hline \mathbf{h} & J \end{array}\right], \tag{3}$$

where $\mathbf{F} \in \mathbb{R}^{N\times N}$, $\mathbf{g}, \mathbf{h}^T \in \mathbb{R}^N$ and $J \in \mathbb{R}$.
At this point, the system is discretized applying a bilinear transformation which corresponds to applying a shift μ from the left and right to the $\mathbf{A}$ matrix. Then, the following system is obtained and the transformation equalities are the following:

$$H(z) \equiv \left[\begin{array}{c|c} \mathbf{A} & \mathbf{b} \\ \hline \mathbf{c} & d \end{array}\right] = \left[\begin{array}{c|c} (\mu\mathbf{I} + \mathbf{F})(\mu\mathbf{I} - \mathbf{F})^{-1} & \sqrt{2\mu}(\mu\mathbf{I} - \mathbf{F})^{-1}\mathbf{g} \\ \hline \sqrt{2\mu}\mathbf{c}(\mu\mathbf{I} - \mathbf{F})^{-1} & J + +\mathbf{h}(\mu\mathbf{I} - \mathbf{F})^{-1}\mathbf{g} \end{array}\right], \tag{4}$$

where $\mathbf{A} \in \mathbb{R}^{N\times N}$,$\mathbf{b}, \mathbf{c}^T \in \mathbb{R}^N$ and $d \in \mathbb{R}$. The equivalence between the continuous and the discrete time expressions is $\mathbf{G}(s) = \mathbf{H}\left(\frac{\mu+s}{\mu-s}\right)$. It is straightforward to see that this transformation is equivalent to the discretization of the system using a sampling frequency $f = \frac{\mu}{2\pi}$. In the next sections, it will be always assumed that the original systems are in the discrete time formulation.

2.1 Stability and passivity

As the topic of stability preservation is studied in this article, some basic concepts such as stability and passivity have to be revisited.
A system is **stable** if and only if there exists a positive definite matrix $\mathcal{P}$ such that the following Lyapunov equation is satisfied:

$$\mathbf{F}^T\mathcal{P} + \mathcal{P}\mathbf{F} < 0. \tag{5}$$

Eq. (5) can be explicitly solved. Indeed, we can pick any $\mathbf{Q} = \mathbf{Q}^T > \mathbf{0}$ and then solve the linear equation $\mathbf{F}^T\mathcal{P} + \mathcal{P}\mathbf{F} = -\mathbf{Q}$ for the matrix $\mathbf{P}$, which is guaranteed to be positive definite if the system is stable.
Note that when the bilinear transformation is applied to the reformulated Eq. (5) the *Stein Equation* is obtained:

$$\mathcal{P} \;=\; \mathbf{A}\mathcal{P}\mathbf{A}^T + \tilde{\mathbf{Q}},$$

where $\mathbf{A}$ is the discrete state matrix defined in Eq. (4). Therefore, a discrete time system is stable if the following equation is feasible:

$$\begin{cases} \mathbf{A}\mathcal{P}\mathbf{A}^T - \mathcal{P} + \tilde{\mathbf{Q}} = 0; \\ \mathcal{P} > 0, \quad \tilde{\mathbf{Q}} > 0. \end{cases} \tag{6}$$

A stronger property than stability is **passivity**. A system is passive if it does not create energy, i.e. $\int_0^t u(t)^T y(t)dt \geq 0$, where $u(t)$ is the input and $y(t)$ is the output of the system. Passivity can be also expressed in terms of the transfer function $G(s)$ being *positive-real*, which means that $G(s) + G(s)^* \geq 0$, for all $Re(s) > 0$. But also, if the system is passive the following LMI is feasible:

$$\begin{aligned} \begin{bmatrix} \mathbf{F}^T\mathcal{P} + \mathcal{P}\mathbf{F} & \mathcal{P}\mathbf{g} - \mathbf{h} \\ \mathbf{g}^T\mathcal{P} - \mathbf{h} & -\mathbf{J}^T - \mathbf{J} \end{bmatrix} &\leq 0, \\ \mathcal{P} &> 0. \end{aligned} \tag{7}$$

Note that passivity implies stability but not viceversa.

2.2 Krylov-based model reduction

At this point, some well known properties of the linear systems that will be important in the development of the paper together with basic concepts of Krylov-based order reduction, will be presented.
A discrete-time linear SISO system can be viewed as an operator between two spaces $\mathbb{U}$ and $\mathbb{Y}$ and its impulse response (assuming $d = 0$) can be represented as $y = \begin{bmatrix} \mathbf{cb} & \mathbf{cAb} & \mathbf{cA}^2\mathbf{b} & \cdots \end{bmatrix}$. This values can be represented in an infinite-dimensional Hankel matrix as seen in the following equation:

$$\mathcal{H} = \begin{bmatrix} \eta_1 & \eta_2 & \eta_3 & \cdots \\ \eta_2 & \eta_3 & \eta_4 & \cdots \\ \eta_3 & \eta_4 & \eta_5 & \cdots \\ \vdots & \vdots & \vdots & \ddots \end{bmatrix}, \quad \eta_i = \mathbf{c}\mathbf{A}^{i-1}\mathbf{b}, \tag{8}$$

where $\mathcal{H}$ is a Hankel matrix and η_i are the so called *Markov parameters*. At the same time, note that $\mathcal{H}$ can be build as a product of the infinite reachability $\mathcal{R}$ and observability $\mathcal{O}$ matrices: $\mathcal{H} = \mathcal{O}\mathcal{R}$, which are defined as follows:

$$\mathcal{R} = \begin{bmatrix} \mathbf{b} & \mathbf{Ab} & \mathbf{A}^2\mathbf{b} & \cdots \end{bmatrix}, \tag{9}$$

$$\mathcal{O} = \begin{bmatrix} \mathbf{c}^T & \mathbf{A}^T\mathbf{c}^T & (\mathbf{A}^T)^2\mathbf{c}^T & \cdots \end{bmatrix}^T. \tag{10}$$

In Krylov-based order reduction methods for discrete time system, the classical goal is to reduce the system using a projection such that the original and the reduced system have a number of *Markov parameters* in common. The projection matrices that will be used for the reduction are called $\mathbf{V} \in \mathbb{R}^{n \times r}$ and $\mathbf{W}^T \in \mathbb{R}^{r \times n}$. $\mathbf{V}$ will be used to project the state vector according to $\mathbf{V}\hat{x} = x$. This projection introduces a residual $\mathcal{E}$ that can be set to zero by projection onto the subspace spanned by $\mathbf{W}^T$. Hence, by considering the condition $\mathbf{W}^T\mathcal{E} = \mathbf{0}$ the reduced state space model is defined as follows:

$$\begin{cases} \mathbf{W}^T\mathbf{V}\hat{x}_{k+1} = \mathbf{W}^T\mathbf{AV}\hat{x}_k + \mathbf{W}^T\mathbf{b}u, \\ y = \mathbf{cV}\hat{\mathbf{x}}_k + du. \end{cases} \tag{11}$$

Therefore, it can be expressed by the transfer function and the system matrix formulation indicated in the next equation:

$$H_r(s) = \mathbf{c}_r(s\mathbf{I}_r - \mathbf{A}_r)^{-1}\mathbf{c}_r + d_r \equiv \left[\begin{array}{c|c} (\mathbf{W}^T\mathbf{V})^{-1}\mathbf{W}^T\mathbf{AV} & (\mathbf{W}^T\mathbf{V})^{-1}\mathbf{W}^T\mathbf{b} \\ \hline \mathbf{cV} & d \end{array}\right], \tag{12}$$

where $\mathbf{W}, \mathbf{V} \in \mathbb{R}^{n \times r}$. Now the question is how to choose the projection matrices so that a number of *Markov parameters* are matched. Here, the observability and reachability subspaces defined in Eqs. (9) and (10) will play and important role.

Theorem 1 *[Ant05a] Let the projection matrix $\mathbf{V}$ be the first r columns of $\mathcal{R}$ and $\mathbf{W}$ be any left inverse of $\mathbf{V}$. Then, r Markov parameters are matched between the original and the reduced system.*

Theorem 2 *[Ant05a] When r columns of the matrices $\mathcal{R}$ and $\mathcal{O}$ are taken as projection matrices $\mathbf{V}$ and $\mathbf{W}^T$ respectively, then $2r$ Markov parameters (η_i) of the original and the reduced system are matched.*

However, when the option presented in Theorem 2 is chosen, the reduced model is *unique and not necessarily stable*. For this reason, a valid idea is to use the input Krylov subspace $\mathbf{V}$ to match a number of Markov parameters and use $\mathbf{W}^T$ to preserve stability.

3 Main results

In order to preserve stability of the original system in the reduction process, a result from subspace identification ([Cho94, Mac95]) where a stable $\mathbf{A}$ matrix is identified will be used.
Let us define the reduced controllability matrices of column rank r and $r-1$ and the shifted invariant $\hat{\mathbf{\Gamma}}_0^{\leftarrow}$ of the second one as follows:

$$\hat{\Gamma} = \begin{bmatrix} \mathbf{b} & \mathbf{Ab} & \mathbf{A}^2\mathbf{b} & \dots & \mathbf{A}^{r-2}\mathbf{b} & \mathbf{A}^{r-1}\mathbf{b} \end{bmatrix}, \quad (13)$$

$$\hat{\Gamma}_0 = \begin{bmatrix} \mathbf{b} & \mathbf{Ab} & \mathbf{A}^2\mathbf{b} & \dots & \mathbf{A}^{r-2}\mathbf{b} & \mathbf{0} \end{bmatrix}, \quad (14)$$

$$\hat{\Gamma}_0^{\leftarrow} = \begin{bmatrix} \mathbf{Ab} & \mathbf{A}^2\mathbf{b} & \mathbf{A}^3\mathbf{b} & \dots & \mathbf{A}^{r-1}\mathbf{b} & \mathbf{0}, \end{bmatrix}. \quad (15)$$

with $\hat{\Gamma}^T = \mathbf{QR}$ where $\mathbf{Q}^T\mathbf{Q} = \mathbf{I}$ and $\mathbf{R}$ is upper-triangular. In the same way, the shifted invariant of a tall matrix such as $\Phi = \hat{\Gamma}^T$ is defined as $\Phi^{\uparrow}$.
Defining the Moore-Penrose pseudoinverse as †, the following equivalences hold: $\hat{\Gamma}_0^{\mathbf{T}} = \mathbf{Q}_0\mathbf{R}$, $\hat{\Gamma}_0^{\leftarrow,\mathbf{T}} = \mathbf{Q}_0^{\uparrow}\mathbf{R}$ and $\hat{\Gamma}^{\dagger,T} = \mathbf{R}^{\dagger}\mathbf{Q}^T$ and the following Theorem can be stated:

Theorem 3 *Given a stable discrete time state space model, stable reduced model can be obtained using the following projection matrices:*

$$\begin{cases} \mathbf{V} = \hat{\Gamma}_0, \\ \mathbf{W}^T = \hat{\Gamma}^{\dagger}. \end{cases} \quad (16)$$

The state matrix of the reduced system is $\mathbf{A}_r = \hat{\Gamma}^{\dagger}\hat{\Gamma}_0^{\leftarrow}$ *and the first* $r-1$ *Markov parameters of the original and the reduced system match.*

Proof:
>From (12) it is known that $\mathbf{A}_r = (\mathbf{W}^T\mathbf{V})^{\dagger}\mathbf{W}^T\mathbf{AV}$ can be defined as the reduced state matrix. Choosing $\mathbf{V} = \hat{\Gamma}_0$ and $\mathbf{W}^T = \hat{\Gamma}^{\dagger}$ leads to:

$$\begin{aligned} \mathbf{A}_r &= (\hat{\Gamma}^{\dagger}\hat{\Gamma}_0)^{-1}\hat{\Gamma}^{\dagger}\mathbf{A}\hat{\Gamma}_0, \\ &= \hat{\Gamma}^{\dagger}\hat{\Gamma}_0^{\leftarrow}, \\ &= \begin{bmatrix} \mathcal{Q}_{r-1} & 0 \\ 0 & 0 \end{bmatrix}, \end{aligned}$$

where $\mathcal{Q}_{r-1}$ has full rank. Therefore $\mathbf{A}_r$ has an eigenvalue in 0 which eigenvector is $\begin{bmatrix} \mathbf{0}_{r-1} & 1 \end{bmatrix}^T$
Now, the stability of the rest of the subspace spanned by $\mathcal{Q}_{r-1}$ has to be proved.
If ω is an eigenvector of $\mathcal{Q}_{r-1}$ such that $\mathbf{A}_r\omega = \lambda\omega$, it follows that,

$$\begin{aligned} \lambda\mathbf{Q}_0^{\uparrow,T}\omega &= \mathbf{Q}_0^{\uparrow,T}\mathbf{A}_r\omega, \\ &= \mathbf{Q}_0^{\uparrow,T}\hat{\Gamma}^{\dagger}\hat{\Gamma}_0^{\leftarrow}\omega, \\ &= \mathbf{Q}_0^{\uparrow,T}\mathbf{Q}\mathbf{R}^{T,\dagger}\mathbf{R}^T\mathbf{Q}_0^{\uparrow,T}\omega. \end{aligned}$$

Let $\|\cdot\|$ be the Euclidean norm for vectors and the compatible induced norm for matrices. Using the *Cauchy Schwarz inequality* the following equations are obtained:

$$\begin{aligned} |\lambda| \times \|\mathbf{Q}_0^{\uparrow,T}\omega\| &= \left\|\mathbf{Q}_0^{\uparrow,T}\mathbf{Q}\mathbf{R}\mathbf{R}^T\mathbf{Q}_0^{\uparrow,T}\omega\right\|, \\ &\leq \left\|\mathbf{Q}_0^{\uparrow,T}\mathbf{Q}\right\| \times \left\|\mathbf{Q}_0^{\uparrow,T}\omega\right\|. \end{aligned}$$

Now considering $\mathbf{P} = (\mathbf{Q}_0^{\dagger,T}\mathbf{Q})^T(\mathbf{Q}_0^{\dagger,T}\mathbf{Q})$, $\mathbf{P^2} = \mathbf{P}$ and at the same time $\mathbf{P}^T = \mathbf{P}$. Therefore, $\mathbf{P}$ is an orthogonal projector [GL83] and all its eigenvalues take the values 0 or 1. Furthermore, it is known that the singular values of $(\mathbf{Q_0^T Q_0})$ are the non-negative square roots of the eigenvalues of $(\mathbf{Q}_0^{\dagger,T}\mathbf{Q})^T(\mathbf{Q}_0^{\dagger,T}\mathbf{Q})$. It is known that $\left\|\mathbf{Q}_0^{\dagger,T}\mathbf{Q}\right\|$ is given by its largest singular value, leading to

$$|\lambda| \times \left\|\mathbf{Q}_0^{\dagger,T}\omega\right\| \leq \left\|\mathbf{Q}_0^{\dagger,T}\omega\right\|,$$

and $|\lambda(\mathbf{E}_r^{\dagger}\mathbf{A}_r)| \leq 1$. □

Remark 1 *It has been shown that matching the Markov parameters in discrete time is equivalent to matching the moments about $s_0 = \mu$. Accordingly, guaranteing stability in the discrete case corresponds to guaranteing stability of the continuous time reduced model obtained by matching the moments about $s_0 = \mu$.*

3.1 Numerical and computational aspects

This method allow us to achieve stable reduced models that match the *Markov parameters*. However, the computation of the controllability subspace is often ill-conditioned. When this is the case, the reduced controllability matrix can be obtained taking the first r columns of the Cholesky factor of the discrete controllability gramian, solution of $\mathbf{A}\mathcal{P}\mathbf{A}^T - \mathcal{P} + \mathbf{B}\mathbf{B}^T = 0$. This fact can be considered a drawback of the presented method as the computational complexity for solving a *Stein equation* is $\mathcal{O}(n^3)$
Regarding the computation complexity of pseudoinverses, in [CKP07], the solution of $n \times r$ matrices is treated. The complexity of those protocols is $r^4 + n^2 r$. Our main point is, however, that the advantage can be substantial in case r is much smaller than n . For example, if only $r = \sqrt{n}$ is accomplished, the complexity goes down from r^5 to $r^{2.5}$ already. For large scale systems a typical case would be to reduce a model of $100.000-500.000$ states down to a $50-100$ states. Therefore, it can be always assume that $r \lll n$ and the computational complexity of the pseudoinverse decreases rapidly to around r^2.

3.2 Algorithm

An algorithm for obtaining stable reduced models is presented in the following lines. Note that the solution of the *Stein equation* is only needed in the case that the reduced controllability subspaces is ill-conditioned.

Input: Discrete time system $\mathbf{A}, \mathbf{b}, \mathbf{c}, d$. Order of the reduced system r.
Output: reduced stable system $\mathbf{A}_r, \mathbf{b}_r, \mathbf{c}_r, d_r$
R=REDUCEDCONTROLLABILITYSUBSPACE($\mathbf{A}, \mathbf{b}, r$);
if *rank*($\mathbf{R}$) « *r* **then**
  $\mathbf{P}$ = SOLVESTEIN($\mathbf{A}, \mathbf{B}$);
  $\mathcal{R}$ = CHOLESKY($\mathbf{P}$);
  $\mathbf{R} = \mathcal{R}[1:r,:]$;
end
[$\mathbf{V}, \mathbf{W}$]=COMPUTEKRYLOVSUBSPACES($\mathbf{R}$);
$[\mathbf{A}_r, \mathbf{b}_r, \mathbf{c}_r, \mathbf{d}_r]$ = PROJECTION($\mathbf{A}, \mathbf{b}, \mathbf{c}, d, \mathbf{V}, \mathbf{W}$);

Algorithm 1: Pseudocode of the algorithm

Table 1: Simulation time and results for the algorithm

SYSTEM INFORMATION AND OBJECTIVES					ALGORITHM		CLASSICAL APPROACH
System	$\mathcal{O}$	T_s	$\mathcal{O}_r$	Order* $\mathcal{R}$	**t**	**t (*Stein*)**	**Stable one-sided?**
Build	48	0.01	5	12	0.017	0.231	no
•	48	0.001	12	25	0.009	0.220	no
•	48	0.00001	4	5	0.012	0.338	yes
Beam	348	0.05	8	29	0.011	0.638	yes
Fom	1006	0.05	9	4	0.017	0.237	yes
Tub	63	0.002	23	11	0.155†	0.155	no

Order*: Order for which the reduced controllability subspace becomes ill-conditioned.
†: The reduced controllability subspace is ill-conditioned. Therefore, the solution of the Stein equation is needed.

The procedure is the following: first, the reduced controllability subspace is calculated. Then, if the rank of the controllability matrix does not have a value close to the desired reduced order, the Cholesky decomposition of the solution of the *Stein equation* $\mathbf{A}\mathcal{Q}\mathbf{A}^T - \mathcal{Q} + \mathbf{B}\mathbf{B}^T = 0$ has to be calculated and the first r columns should be taken. In the next step, the projection matrices are defined as in Eq. (16) and, finally, the projection is performed according to Eq. (12).
In the next section, this algorithm is applied to perform the model reduction of four well-known benchmark problems.

4 Examples

Three benchmarks problems presented in [CVD02] have been used to illustrate the presented approach. The **build** system is a model of a building (the Los Angeles University Hospital) with 8 floors each having 3 degrees of freedom, namely, displacements in x and y directions and rotation. Secondly, the clamped beam model (**beam**) is considered. It has 348 states and is obtained by spatial discretization of an appropriate partial differential equation. The third example is the benchmark problem specified by **fom** which is a dynamical system of order 1006. Finally, the new algorithm is applied to reduce the **tub** [SQP07] which is the model of an acoustic tube model for active noise control purposes.
In Table 4 the results of the algorithm for all the benchmark problems are presented. Note that the table is divided in three parts. In the first part, the basic characteristics of the system are presented as well as the order to which it will be reduced and the order for which the reduced controllability subspace becomes ill-conditioned. Remark that, in this case, the Krylov subspace has to be calculated as the Cholesky decomposition of the controllability gramian and, therefore, the computational cost is higher. In the second part of the Table, the time results for the reductions are presented together with the time of solving one Stein equation. Finally, the stability results for the classical one-sided method are illustrated in the last column.
In Fig. 1 the frequency response of the most complex models (the **tub** and the **build** models) together with the response of the reduced systems are presented. Note that different orders for the reduced system have been chosen in order that the approximation results can be compared. As a result, good fitting for all the presented benchmark problems have been achieved. For example, the **build** system has been reduced from order 48 to order 12 with excellent results in the desired bandwidth. This projection lead always to unstable systems when the classical

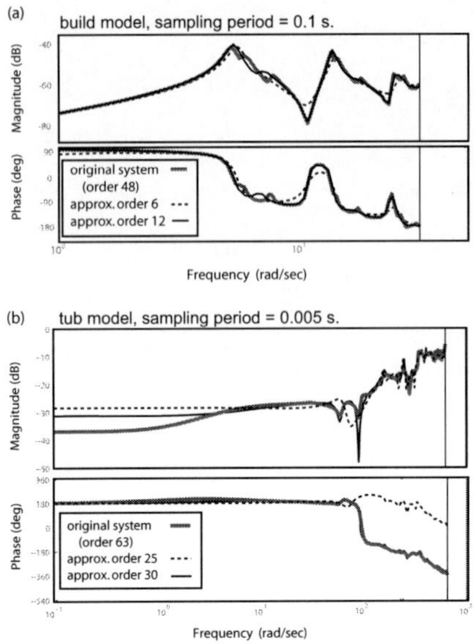

Figure 1: Bode plot of the results for two benchmark problems.

methods were used. This is also the case when reducing the tube model.
The main problem of the algorithm is that the computation of r consecutive and linearly independent vectors of the controllability subspace is not always guaranteed and in the worst case scenario it has to be obtained numerically or via the Cholesky decomposition of the controllability gramian.

5 Conclusions

A method to obtain stable reduced models using Krylov-based model order reduction has been presented. This method, uses invariance properties of the controllability subspace to preserve stability. The main advantage of the procedure is that no condition on the original system matrices is imposed and stability of the reduced models is always guaranteed. Simulation results for four benchmark problems illustrate the performance of the suggested method and excellent results are obtained. Even though numerical problems may occur, it has been shown that they can be completely solved via the Cholesky decomposition of the solution of one single *Stein equation*.

References

[Ant05a] A. C. Antoulas. *Approximation of Large-Scale Dynamical Systems*. SIAM, Philadelphia, 2005.

[Ant05b] A.C. Antoulas. A new result on passivity preserving model reduction. *Systems and Control Letters*, (54):361–374, 2005.

[Ant07] Athanasios C. Antoulas. On pole placement in model reduction. *Automatizierungstechnik*, 55(9), 2007.

[BFF97] Z. Bai, P. Feldmann, and R. Freund. Stable and Passive Reduced-Order Models Based on Partial Padé Approximation via the Lanczos Process. Numerical Analysis Manuscript 97/3-10, Bell Laboratories, Lucent Technologies, November 1997.

[Cho94] C. T. Chou. *Geometry of Linear Systems and Identification*. PhD Thesis, Cambridge University, 1994.

[CKP07] R. Cramer, E. Kiltz, and C. Padró. A note on secure computation of the moore-penrose pseudoinverse and its application to secure linear algebra. *Lecture Notes in Computer Science*, 4622/2007:613–630, 2007.

[CVD02] Y. Chahlaoui and P. Van Dooren. A collection of Benchmark Examples for Model Reduction of Linear Time Invariant Dynamical Systems. Slicot working note, 2002. Available at ftp://wgs.esat.kuleuven.ac.be/pub/WGS/ REPORTS/SLWN2002-2.ps.Z.

[Fre00] R. W. Freund. Passive reduced-order modeling via krylov-subspace methods. *Numerical analysis manuscripts*, 00-3-02, 2000.

[GA06] S. Gugerkin and A.C. Antoulas. Model reduction of large-scale systems by least squares. *Linear algebra and its applications*, 415:290–321, 2006.

[GL83] G.Golub and C. Van Loan. *Matrix Computations*. John Hopkins University Press, 1983.

[Gri97] E. J. Grimme. *Krylov Projection Methods for Model Reduction*. PhD thesis, Dep. of Electrical Eng., Uni. Illinois at Urbana Champaign, 1997.

[JK97] I. M. Jaimoukha and E. M. Kasenally. Implicitly Restarted Krylov Subspace Methods for Stable Partial Realizations. *SIAM J. Matrix Anal. Appl.*, 18(3):633–652, 1997.

[Mac95] J.M. Maciejowski. Guaranteed stability with subspace methods. *Systems and Control Letters*, 26(2):153–156, 1995.

[OCP98] A. Odabasioglu, M. Celik, and L. T. Pileggi. Prima: Passive reduced-order interconnect macromodeling algorithm. *IEEE Transactions on Computer-Aided Design of Integrated Circuits and Systems*, 17(8):645–654, 1998.

[Sor05] D. C. Sorensen. Passivity preserving model reduction via interpolation of spectral zeros. *Sys. and Cont. Letters*, 54:347–360, 2005.

[SQP07] R. S. Sánchez Peña, J. Quevedo, and V. Puig, editors. *Identification and Control: The gap between Theory and Practice*, chapter Identification and Control Structure Design in Active (acoustic) Noise Control, pages 203–244. Springer-Verlag, London, 2007.

[You06] A. Yousefi. *Preserving Stability in Model and Controller Reduction with application to embedded systems*. PhD Thesis, Technische Universität München, 2006.

Stabilisierung nichtlinearer Systeme mit Zustandsbeschränkungen mittels SOS-Programmierung

Markus Bäuml und Joachim Deutscher
Lehrstuhl für Regelungstechnik, Universität Erlangen-Nürnberg
Cauerstr. 7, 91058 Erlangen
E-Mail: markus.baeuml@rt.eei.uni-erlangen.de

Dieser Beitrag präsentiert einen numerischen Ansatz zum Reglerentwurf für nichtlineare Systeme, bei dem der Reglerentwurf mit Hilfe der SOS-Programmierung (siehe z.B. [4]) auf Systeme mit Zustandsbeschränkungen erweitert wird. Dabei wird systematisch eine Lyapunov-Funktion bestimmt, die den Nachweis der Stabilität und eine Abschätzung des Einzugsbereichs der betrachteten Ruhelage ermöglicht. Durch die Einbeziehung der Zustandsbeschränkungen entstehen für jeden begrenzten Zustand zwei zusätzliche Nebenbedingungen im SOS-Programm. Als Stellgesetze werden dabei rationale Funktionen verwendet, die einfach in die SOS-Programmierung integriert werden können. Insgesamt erhält man zwei unterschiedliche SOS-Programme, mit deren Hilfe ein Regler und eine Lyapunov-Funktion für ein polynomiales System mit Zustandsbeschränkungen bestimmt werden können. Dabei werden die vorhandenen Freiheitsgrade derart bestimmt, dass die Abschätzung des Einzugsbereichs der Ruhelage des geregelten Systems möglichst groß wird. Der vorgestellte Ansatz wird am Ende an einem polynomialen Beispielsystem zur Anwendung gebracht.

1 Einleitung

Die Stabilisierung einer Ruhelage eines nichtlinearen Systems ist eine wichtige Fragestellung im Bereich der Regelungstheorie. Dabei können auch Zustandsbeschränkungen, die entweder physikalisch motiviert sind oder bewusst vorgegeben werden, um ein System in einem günstigen Arbeitsbereich zu betreiben, entscheidenden Einfluss haben und müssen somit bereits beim Reglerentwurf berücksichtigt werden. Des weiteren sind der Nachweis der Stabilität einer Ruhelage und die Abschätzung des Einzugsbereichs interessante Eigenschaften des geregelten Systems.

Obwohl die Lyapunov-Theorie die geeigneten Hilfsmittel zur Stabilitätsuntersuchung bereitstellt (siehe z.B. [5]), ist es jedoch nicht einfach eine gültige Lyapunov-Funktion zu bestimmen. Im letzten Jahrzehnt, ausgehend von der Arbeit von P. Parrilo [6], wurde ein numerischer Ansatz zur Bestimmung einer Lyapunov-Funktion in verschiedenen Veröffentlichungen, z.B. [4] und [9], unter Zuhilfenahme der sogenannten SOS-Programmierung (SOS - sum of squares) vorgestellt. In der Dissertation von P. Parrilo [6] wurde gezeigt, dass jedes SOS-Programm in ein semidefinites Programm überführt werden kann, das effizient mit Hilfe einer numerischen Software gelöst werden kann. Der Einzugsbereich einer bestimmten Ruhelage kann ebenfalls mit der SOS-Programmierung abgeschätzt werden. Die Hauptaufgabe bei diesem Vorgehen ist die Überprüfung nichtlinearer Funktionen auf positive Definitheit auf einem bestimmten Gebiet im Zustandsraum. Der Vorteil der SOS-Programmierung liegt in der Lösung dieser Problemstellung für polynomiale Funktionen. Dabei wird ein Polynom auf die Existenz einer Darstellung als Summe von Quadraten (SOS) überprüft, wobei jede SOS-Darstellung positiv semidefinit ist, für genauere Informationen siehe z.B. [6] und [8]. Ein Vorteil bei Verwendung der SOS-Programmierung liegt in der systematischen Bestimmung von Lyapunov-Funktionen, die einen

größeren Grad als 2 aufweisen, und daher häufig zu besseren Abschätzungen des Einzugsbereichs im Vergleich zu quadratischen Lyapunov-Funktionen führen.
Die Lyapunov-Theorie kann auch zur Reglersynthese eingesetzt werden. Dabei wird ein stabilisierendes Stellgesetz und eine gültige Lyapunov-Funktion bestimmt, die zur Abschätzung des Einzugsbereichs der Ruhelage des geregelten Systems verwendet werden kann. Der hier vorgestellte Ansatz mittels der SOS-Programmierung zur Stabilisierung nichtlinearer Systeme stellt eine Erweiterung zum Vorgehen in [4] dar, indem Systeme mit Zustandsbeschränkungen betrachtet werden. Dabei führt jeder beschränkte Zustand auf zwei zusätzliche Bedingungen in den SOS-Programmen. Die Freiheitsgrade im nichtlinearen Stellgesetz werden benutzt, um eine geeignete Lyapunov-Funktion zu konstruieren, die die Stabilität der Ruhelage nachweist, und eine möglichst große Abschätzung des Einzugsbereichs des geregelten Systems zu erhalten. Zielsetzung dabei ist, die Abschätzung so zu bestimmen, dass alle Trajektorien, die in dieser Abschätzung starten, für alle Zeiten die Zustandsbeschränkungen einhalten. Das prinzipielle Vorgehen ist ähnlich der Betrachtung von Systemen mit Stellbegrenzung (siehe [2]) und so werden bei diesem Ansatz rationale Stellgesetze mit polynomialen Zähler- und Nennerfunktionen verwendet, die mehr Freiheitsgrade als polynomiale Regler enthalten und durch eine kleine Umformung in die SOS-Methodik integriert werden können.

Im folgenden Abschnitt wird die grundlegende Problemstellung eingeführt, gefolgt von einem kurzen Überblick über die Grundlagen der SOS-Programmierung in Abschnitt 3. In Abschnitt 4 wird ein Algorithmus zur Reglersynthese hergeleitet, der die systematische Bestimmung eines Stellgesetzes und einer geeigneten Lyapunov-Funktion inklusive der Abschätzung des Einzugsbereichs der Ruhelage enthält. An einem akademischen Beispiel wird die gezeigte Entwurfsmethodik in Abschnitt 5 durchgeführt.

2 Problemformulierung

Ausgangspunkt für die Stabilisierungsaufgabe ist das nichtlineare System

$$\dot{x} = f(x) + g(x)u, \tag{1}$$

mit dem Eingang $u \in \mathbb{R}$ und dem Zustandsvektor $x \in \Omega \subseteq \mathbb{R}^n$, wobei Ω ein Gebiet darstellt, das den Ursprung enthält, d.h. $0 \in \Omega$. Im weiteren Verlauf wird angenommen, dass die Elemente von f und g aus der Menge $\mathbb{R}[x]$ aller multivariablen Polynome in den n Variablen des Zustandsvektors x mit Koeffizienten aus $\mathbb{R}$ stammen. Des weiteren sei ohne Beschränkung der Allgemeinheit $x = 0$ für $u = 0$ eine Ruhelage von (1), d.h. $f(0) = 0$ und $g(0) \neq 0$, und zusätzlich seien $m \leq n$ Zustände von (1) gemäß

$$x_{lo,i}(x) \leq x_i \leq x_{up,i}(x), \quad \forall i = 1, \ldots, m, \tag{2}$$

beschränkt, so dass die Ruhelage $x = 0$ im erlaubten Gebiet liegt, d.h. $x = 0$ muss (2) erfüllen. Die Beschränkungen $x_{lo,i}(x)$ und $x_{up,i}(x)$ seien dabei polynomiale Funktionen, d.h. $x_{lo,i}(x), x_{up,i}(x) \in \mathbb{R}[x]$, da bei Anwendung der SOS-Programmierung im weiteren Verlauf nur polynomiale Funktionen auftreten dürfen. Sind $m < n$ Zustände, jedoch nicht die ersten m Zustände beschränkt, wie in (2) gefordert, so kann dies durch eine einfache Umsortierung der Zustände in (1) erreicht werden. Die Beschränkungen (2) können dabei physikalisch motiviert sein, wie z.B. beim inversen Pendel auf einem Wagen (siehe z.B. [3]), das nur eine bestimmte Wegstrecke zur Stabilisierung des Pendels zur Verfügung hat. Andererseits können solche Beschränkungen auch durch den Entwurf eingeführt werden, d.h. ein bestimmtes, vorgegebenes

Gebiet im Zustandsraum soll nicht verlassen werden. Sollte ein Zustand x_i in (2) z.B. nur nach unten beschränkt sein, so wird die obere Schranke zu unendlich gesetzt, d.h. $x_{lo,i} \leq x_i < \infty$. Ziel des Reglerentwurfs ist die Stabilisierung der Ruhelage $x = 0$, dazu wird das Stellgesetz

$$u = -\frac{q(x)}{r_0 + r(x)}, \quad r_0 > 0, \tag{3}$$

angesetzt, wobei $q(0) = 0$ gelten muss, um die gewünschte Ruhelage bei $x = 0$ zu erhalten. Des weiteren soll (3) aus polynomialen Funktionen im Zähler und Nenner bestehen, d.h. $q(x), r(x) \in \mathbb{R}[x]$, wobei der Nenner zusätzlich die Eigenschaft der positiven Semidefinitheit aufweisen soll, d.h. $r(x) \geq 0, \forall x \in \mathbb{R}^n$, um somit Singularitäten im Stellgesetz zu vermeiden. Setzt man nun (3) in (1) ein, so erhält man die geregelte Strecke

$$\dot{x} = f(x) - g(x)\frac{q(x)}{r_0 + r(x)}, \tag{4}$$

mit der gewünschten Ruhelage bei $x = 0$. Dabei sollen die freien Reglerparameter, d.h. die unbekannten Polynome $q(x)$ und $r(x)$ aus (3), derart gewählt werden, dass sich ein möglichst großer Einzugsbereich der Ruhelage innerhalb der Zustandsbeschränkungen einstellt. Somit verbleibt jede Trajektorie, die im Einzugsbereich startet, für alle Zeiten in diesem Bereich und die Trajektorie läuft asymptotisch in die Ruhelage, das bedeutet, die Zustandsbegrenzungen sind stets erfüllt. Da der Einzugsbereich selbst nicht bestimmt werden kann, ist zumindest eine Abschätzung des Einzugsbereich nötig, um die freien Reglerparameter entsprechend bestimmen zu können. Für eine Abschätzung des Einzugsbereich ist basierend auf der Stabilitätstheorie von Lyapunov für asymptotische Stabilität der Ruhelage von (4) eine sogenannte Lyapunov-Funktion nötig. Folglich muss im Entwurfsprozess der Regler so bestimmt werden, dass eine Lyapunov-Funktion existiert, die eine möglichst große Abschätzung des Einzugsbereichs innerhalb der Zustandsbeschränkungen liefert. Eine geeignete Lyapunov-Funktion und die damit zusammenhängende Stabilitätsaussage ohne Berücksichtigung der Zustandsbeschränkungen lässt sich ausgehend von den Grundlagen in [5] folgendermaßen formulieren.

Satz 1 *Es sei $x = 0$ eine Ruhelage von* (4) *und $D \in \Omega$ ein Gebiet, das $x = 0$ enthält. Außerdem soll $V(x) : D \to \mathbb{R}$ eine stetig differenzierbare Funktion sein, so dass*

$$V(x) > 0, \qquad \forall x \in D \setminus \{0\} \textit{ und } V(0) = 0 \tag{5}$$

$$\dot{V}(x) = \frac{\partial V(x)}{\partial x}\left(f(x) - g(x)\frac{q(x)}{r_0 + r(x)}\right) < 0, \quad \forall x \in D \setminus \{0\} \textit{ und } \dot{V}(0) = 0 \tag{6}$$

erfüllt ist. Dann ist die Ruhelage $x = 0$ asymptotisch stabil und $V(x)$ eine Lyapunov-Funktion *des geregelten Systems* (4).

Die grundlegende Aufgabe, die sich bei der Anwendung von Satz 1 ergibt (siehe (5)–(6)), ist die Bestimmung eines stabilisierenden Reglers (3) so, dass eine Lyapunov-Funktion mit einer möglichst großen Abschätzung des Einzugsbereichs existiert. Dies kann mit Hilfe der SOS-Programmierung numerisch durchgeführt werden, da nur rationale Terme mit Polynomen in Zähler und Nenner in (5)–(6) auftreten (siehe auch [4] und [6]). Diese Bedingungen (5)–(6) können also im Rahmen der SOS-Programmierung formuliert werden, womit sich letztendlich eine Optimierungsaufgabe aufstellen lässt. Durch deren Lösung kann systematisch ein Regler und eine Lyapunov-Funktion bestimmt werden, so dass die Abschätzung des Einzugsbereichs möglichst groß ist. Die Forderung aus den Zustandsbeschränkungen, dass ein bestimmtes Gebiet im Zustandsraum nicht verlassen werden soll, kann somit erfüllt werden, wenn die

Abschätzung des Einzugsbereichs innerhalb des erlaubten Gebiets liegt. Denn Trajektorien, die innerhalb der Abschätzung des Einzugsbereichs beginnen, konvergieren gegen die Ruhelage und bleiben dabei innerhalb der Abschätzung des Einzugsbereichs. Gelingt es also im gesamten Entwurfsprozess für den Regler und die Lyapunov-Funktion die m Bedingungen (2) zu berücksichtigen, die im Folgenden in jeweils zwei Bedingungen

$$x_i \leq x_{up,i}(x), \quad \forall i = 1, \ldots, m, \tag{7}$$

$$x_i \geq x_{lo,i}(x), \quad \forall i = 1, \ldots, m, \tag{8}$$

aufgeteilt werden, d.h. (7)–(8) repräsentieren $2m$ Bedingungen, so ist sichergestellt, das sich die Abschätzung des Einzugsbereichs des geregelten Systems (4) innerhalb der Beschränkungen (7)–(8) befindet. Damit verbleiben alle Trajektorien, die in der Abschätzung des Einzugsbereichs starten, für alle Zeiten innerhalb der geforderten Beschränkungen (7)–(8).

Der Vorteil der vorgestellten Methode ist neben der Stabilisierung einer Ruhelage die systematische Konstruktion eines nichtlinearen Reglers und einer Lyapunov-Funktion mit einem Polynomgrad größer als zwei mit Hilfe eines numerischen Verfahrens. Dabei ist zu erwarten, dass sich durch den Optimierungsansatz bessere Anpassungen der Abschätzung des Einzugsbereichs an die Zustandsbeschränkungen (7)–(8) verglichen mit einer quadratischen Lyapunov-Funktion ergeben. Zusätzlich erhält man durch das rationale Stellgesetz eine größere Klasse von möglichen Reglern im Vergleich zu den polynomialen Regler in [4], d.h. im Entwurf stehen mehr Freiheitsgrade zur Optimierung der Abschätzung des Einzugsbereichs zur Verfügung und deshalb sind bessere Ergebnisse im Vergleich zu rein polynomialen Stellgesetzen zu erwarten.

3 Grundlagen der SOS-Programmierung

3.1 SOS-Polynome

Im folgenden werden die für die Lösung der Aufgabenstellung notwendigen Grundlagen der SOS-Programmierung kurz zusammengefasst.

Die Menge der SOS- (sum of square) Polynome in den n Variablen des Zustandsvektors x stellt eine wichtige Untermenge der Polynome $\mathbb{R}[x]$ dar, die durch

$$\Sigma[x] := \left\{ s \in \mathbb{R}[x] \middle| s = \sum_{i=1}^{k} p_i^2,\ p_i \in \mathbb{R}[x],\ k < \infty \right\} \tag{9}$$

definiert ist. Geht man von der Definition der SOS-Polynome in (9) aus, so ist offensichtlich, dass jedes Polynom $p(x) \in \mathbb{R}[x]$, das eine SOS-Darstellung besitzt, d.h. $p(x) \in \Sigma[x]$, positiv semidefinit ist, also $p(x) \geq 0,\ \forall x \in \mathbb{R}^n$. Der Vorteil dieser Beschreibung liegt darin, dass es eine effiziente Methode gibt, ein Polynom auf die Existenz einer solchen SOS-Darstellung zu überprüfen und somit zu zeigen, dass das Polynom positiv semidefinit ist. Parrilo u.a. haben die frei zugängliche MATLAB Toolbox SOSTOOLS (siehe [7]) erstellt, deren Hauptaufgabe darin besteht zu testen, ob eine SOS-Darstellung eines Polynoms existiert.

3.2 Der Positivstellensatz

Um im Folgenden den Positivstellensatz angeben zu können, auf dessen Grundlage die Formulierung der SOS-Programme erfolgt, sind einige Definitionen nötig.

Definition 1 *Für gegebene Polynome* $\{g_1, \ldots, g_\sigma\} \in \mathbb{R}[x]$ *ergibt sich der* Multiplikative Monoid *der Polynome* g_i *als Menge aller endlichen Produkte der Polynome* g_i*, inklusive dem leeren*

Produkt, das zu 1 *definiert ist. Der Multiplikative Monoid wird mit* $\mathcal{M}(g_1, \ldots, g_\sigma)$ *bezeichnet und für Vollständigkeit gilt* $\mathcal{M}(\emptyset) := 1$.

Beispiel: $\mathcal{M}(g_1, g_2) = \{g_1^{k_1} g_2^{k_2} \,|k_1, k_2 \in \mathbb{Z}_+\}$.

Definition 2 *Für Polynome* $\{f_1, \ldots, f_\rho\} \in \mathbb{R}[x]$ *ist der* Kegel *der Polynome* f_i *durch*

$$\mathcal{P}(f_1, \ldots, f_\rho) := \left\{ s_1 + \sum_{i=2}^{k} s_i b_i \middle| s_1, \ldots, s_k \in \Sigma[x],\ b_2, \ldots, b_k \in \mathcal{M}(f_1, \ldots, f_\rho) \right\} \tag{10}$$

definiert. Für Vollständigkeit gilt $\mathcal{P}(\emptyset) := \Sigma[x]$.

Beispiel:

$$\mathcal{P}(f_1, f_2) = \{s_1 + s_2 f_1 + s_3 f_2 + s_4 f_1 f_2 \,|s_1, \ldots, s_4 \in \Sigma[x]\}. \tag{11}$$

Wegen $sf^{2k} \in \Sigma[x]$, für $k \in \mathbb{Z}_+$, $s \in \Sigma[x]$ und $f \in \mathbb{R}[x]$, lässt sich jeder Kegel als eine Summe von 2^ρ Termen darstellen. Für (11) bedeutet dies, dass beispielsweise der Term $sf_1^2 f_2$, mit $s \in \Sigma[x]$, bereits in $s_3 f_2$ enthalten ist und so weiter.

Definition 3 *Mit den Polynomen* $\{h_1, \ldots, h_\tau\} \in \mathbb{R}[x]$ *ergibt sich das* Ideal *der Polynome* h_i *durch*

$$\mathcal{I}(h_1, \ldots, h_\tau) := \left\{ \sum_{k=1}^{\tau} h_k p_k \middle| p_k \in \mathbb{R}[x] \right\}. \tag{12}$$

Für Vollständigkeit gilt $\mathcal{I}(\emptyset) := 0$.

Unter Verwendung der obigen Definitionen kann der nachfolgende Satz aus [1] angegeben werden.

Satz 2 (Positivstellensatz) *Für die Polynome* $\{f_1, \ldots, f_\rho\}$, $\{g_1, \ldots, g_\sigma\}$ *und* $\{h_1, \ldots, h_\tau\}$ *aus* $\mathbb{R}[x]$ *sind folgenden Aussagen äquivalent:*

1. *Die Menge*

$$\left\{ x \in \mathbb{R}^n \middle| \begin{array}{l} f_1(x) \geq 0, \ldots, f_\rho(x) \geq 0, \\ g_1(x) \neq 0, \ldots, g_\sigma(x) \neq 0, \\ h_1(x) = 0, \ldots, h_\tau(x) = 0 \end{array} \right\} \tag{13}$$

   ist leer.

2. *Es existieren Polynome* $f \in \mathcal{P}(f_1, \ldots, f_\rho)$, $g \in \mathcal{M}(g_1, \ldots, g_\sigma)$ *und* $h \in \mathcal{I}(h_1, \ldots, h_\tau)$, *so dass*

$$f(x) + g^2(x) + h(x) = 0. \tag{14}$$

Im nächsten Abschnitt werden die SOS-Programme für die Stabilisierung und Abschätzung des Einzugsbereichs der Ruhelage unter Verwendung von Satz 2 hergeleitet.

4 Stabilisierung nichtlinearer Systeme mit Zustandsbeschränkungen

Um eine systematische Bestimmung des Reglers und einer Lyapunov-Funktion zu erhalten, müssen sowohl Satz 1 als auch die Bedingungen der Zustandsbeschränkungen (7)–(8) in SOS-Programme umgesetzt werden. Der hier vorgestellte Ansatz stellt eine Erweiterung zum Reglerentwurf in [4] dar, in dem zwei unterschiedliche Algorithmen beschrieben werden. Da das Vorgehen zur Optimierung der unteren Schranke (siehe Abschnitt 4.2) in den meisten Fällen wesentlich bessere Ergebnisse liefert, soll nur dieser Ansatz im Detail vorgestellt werden, die Optimierung der oberen Schranke wird dagegen nur kurz erläutert.

4.1 Optimierung der oberen Schranke

Der erste Ansatz entspricht einer Erweiterung des sog. „expanding D algorithm" in [4]. Dabei wird zuerst ein abgeschlossenes Gebiet D festgelegt, das die Ruhelage $x = 0$ enthalten muss. Da dieses Gebiet D als obere Schranke für die Abschätzung des Einzugsbereichs dienen soll, müssen innerhalb von D die Bedingungen (5)–(6) zum Nachweis der Stabilität nach Satz 1 und die Zustandsbeschränkungen (7)–(8) eingehalten werden. Die grundlegende Idee bei diesem Vorgehen ist, eine möglichst gute Abschätzung des Einzugsbereichs der Ruhelage zu erreichen, folglich soll das Gebiet D so groß wie möglich sein. Es stellt sich also eine Optimierungsaufgabe, die sich bei diesem Vorgehen in mehrere Teile zerlegen lässt. Dies geschieht in ähnlicher Weise in [2], d.h. zuerst wird eine obere Schranke für die Abschätzung des Einzugsbereichs bestimmt, um anschließend innerhalb dieser oberen Schranke die Abschätzung selbst zu berechnen. Da bei diesem Ansatz nicht direkt die Abschätzung des Einzugsbereichs optimiert wird, kann sich dieser Bereich den Zustandsbeschränkungen nicht so gut anpassen. Daher soll das Vorgehen zur Optimierung der unteren Schranke im Detail erläutert werden, da hierbei eine direkte Optimierung der Abschätzung des Einzugsbereichs vorgenommen wird.

4.2 Optimierung der unteren Schranke

Das zweite Vorgehen, das im Folgenden näher erläutert wird, ist eine Erweiterung des so genannten „expanding interior algorithm" aus [4]. Die grundlegende Idee bei diesem Ansatz ist die Optimierung eines Gebiets, das die Ruhelage enthält und komplett im Einzugsbereich dieser Ruhelage liegt. Folglich muss sich die Abschätzung des Einzugsbereichs im Zuge der Maximierung des Optimierungsgebiets vergrößern. Zuerst ist eine polynomiale Beschreibung des Optimierungsgebiets nötig, die definiert ist durch

$$P := \{x \in \mathbb{R}^n \,|p(x) \leq \beta\}, \tag{15}$$

mit einem positiv definitem Polynom $p(x) > 0, \forall x \in \mathbb{R}^n \setminus \{0\}$, und $\beta \geq 0$, um sicherzustellen, dass P abgeschlossen ist und die Ruhelage $x = 0$ enthält. Im Unterschied zur Optimierung der oberen Schranke wird die maximale Niveaulinie der noch unbekannten Lyapunov-Funktion fest vorgegeben, so dass die Abschätzung des Einzugsbereichs bei diesem Vorgehen durch

$$D := \{x \in \mathbb{R}^n \,|V(x) \leq 1\} \tag{16}$$

gegeben ist. Um die Stabilität des Ursprungs und die Einhaltung der Zustandsbeschränkungen sicherzustellen, müssen die Bedingungen (5)–(6) aus Satz 1 und (7)–(8) in der Abschätzung (16) des Einzugsgebiets der Ruhelage erfüllt sein. Des weiteren muss das Optimierungsgebiet P (siehe (15)) in D liegen, was zu den Bedingungen

$$\mathbb{R}^n \setminus \{0\} = \{x \in \mathbb{R}^n \,|V(x) > 0\} \tag{17}$$

$$P \subseteq \{x \in \mathbb{R}^n \,|V(x) < 1\} \tag{18}$$

$$D \setminus \{0\} \subseteq \left\{x \in \mathbb{R}^n \,\middle|\, \frac{\partial V(x)}{\partial x}(f(x)(r_0 + r(x)) - g(x)q(x)) < 0\right\} \tag{19}$$

$$D \subseteq \{x \in \mathbb{R}^n \,|x_i \leq x_{up,i}(x),\; i \in \{1, \ldots, n\}\,, \;\forall \nu = 1, \ldots, m\} \tag{20}$$

$$D \subseteq \{x \in \mathbb{R}^n \,|x_i \geq x_{lo,i}(x),\; i \in \{1, \ldots, n\}\,, \;\forall \nu = 1, \ldots, m\} \tag{21}$$

führt. Wie bereits bei der Erläuterung der Grundlagen der SOS-Programmierung erwähnt, müssen alle Funktionen in (17)–(21) polynomial sein, mit Ausnahme der Reglerfunktion $r(x)$

(siehe (3)), die ein SOS-Polynom sein muss, um Singularitäten im Stellgesetz zu vermeiden. Um eine möglichst gute Abschätzung des Einzugsgebiets der Ruhelage zu erhalten, wird die untere Schranke P maximiert — und da P in D (siehe (18)) enthalten sein muss, wird dadurch die Abschätzung des Einzugsgebiets vergrößert. Die Bestimmung des maximalen β unter Einhaltung der Bedingungen (17)–(21) soll mit Hilfe der SOS-Programmierung erfolgen. Dazu ist es nötig die Bedingungen (17)–(21) in Polynome umzuformulieren, die auf eine SOS-Darstellung hin überprüft werden müssen. Dies wird durch die Anwendung des Positivstellensatzes (siehe Satz 2) erreicht, indem die Aufgabenstellung als Optimierungsproblem mit den Bedingungen (17)–(21) in der Form

$$\max \beta \quad \text{so dass} \tag{22}$$

$$\{x \in \mathbb{R}^n \,|-V(x) \geq 0,\; x \neq 0\} = \emptyset \tag{23}$$

$$\{x \in \mathbb{R}^n \,|\beta - p(x) \geq 0,\; V(x) - 1 \geq 0, V(x) - 1 \neq 0\} = \emptyset \tag{24}$$

$$\left\{x \in \mathbb{R}^n \,\middle|\, 1 - V(x) \geq 0,\; x \neq 0,\; \frac{\partial V(x)}{\partial x}(f(x)(r_0 + r(x)) - g(x)q(x)) \geq 0\right\} = \emptyset \tag{25}$$

$$\{x \in \mathbb{R}^n \,|1 - V(x) \geq 0,\; x_i - x_{up,i}(x) \geq 0,\; x_i - x_{up,i}(x) \neq 0\} = \emptyset \tag{26}$$

$$\{x \in \mathbb{R}^n \,|1 - V(x) \geq 0,\; x_{lo,i}(x) - x_i \geq 0,\; x_{lo,i}(x) - x_i \neq 0\} = \emptyset, \tag{27}$$

mit $i \in \{1, \ldots, n\}, \forall \nu = 1, \ldots, m$, dargestellt wird. Für die Verwendung des Postivstellensatzes müssen alle Ungleichungen in (23)–(27) durch Polynome beschrieben werden, was aber bei $x \neq 0$ in (23) und (25) nicht der Fall ist. Daher werden diese im Folgenden durch positiv definite Polynome $l_j(x) > 0, \forall x \in \mathbb{R}^n \setminus \{0\}$ und $j = 1, 2$, ersetzt, da

$$x \neq 0 \iff l_j(x) \neq 0 \tag{28}$$

gilt. Satz 2 führt damit zu der Optimierungsaufgabe

$$\max \beta \quad \text{so dass} \tag{29}$$

$$s_1 - V s_2 + l_1^{2k_1} = 0 \tag{30}$$

$$s_3 + (\beta - p)\, s_4 + (V - 1)\, s_5 + (\beta - p)\,(V - 1)\, s_6 + (V - 1)^{2k_2} = 0 \tag{31}$$

$$s_7 + (1 - V)\, s_8 + \frac{\partial V}{\partial x}\,(f\,(r_0 + r) - gq)\, s_9 + \frac{\partial V}{\partial x}\,(f\,(r_0 + r) - gq)\,(1 - V)\, s_{10} + l_2^{2k_3} = 0 \tag{32}$$

$$s_{i1} + (1 - V)s_{i2} + (x_i - x_{up,i})s_{i3} + (1 - V)(x_i - x_{up,i})s_{i4} + (x_i - x_{up,i})^{2k_{i1}} = 0 \tag{33}$$

$$s_{i5} + (1 - V)s_{i6} + (x_{lo,i} - x_i)s_{i7} + (1 - V)(x_{lo,i} - x_i)s_{i8} + (x_{lo,i} - x_i)^{2k_{i2}} = 0 \tag{34}$$

mit $s_1, \ldots, s_{10}, s_{i1}, \ldots, s_{i8} \in \Sigma[x]$ und $k_1, k_2, k_3, k_{i1}, k_{i2} \in \mathbb{Z}_+$. Zur genaueren Erläuterung: Gleichung (31) zum Beispiel erhält man aus (24), wenn man $f_1 = \beta - p$ und $f_2 = V - 1$ wählt, so dass sich f aus (14) durch (11) bestimmen lässt. Des weiteren muss $g = (V-1)^{k_2}$ (siehe (14)) gesetzt werden und so führt am Ende der Positivstellensatz zu $s_3 + s_4 f_1 + s_5 f_2 + s_6 f_1 f_2 + g^2 = 0$, was (31) entspricht. Diese Optimierungsaufgabe kann unter Verwendung eines Bisektionsalgorithmus gelöst werden, der dabei die größte untere Schranke β_{max} und somit die größte Abschätzung des Einzugsbereichs ($V \leq 1$) bestimmt. Dabei kommt die Toolbox SOSTOOLS zum Einsatz, die die Nebenbedingungen (36)–(40) überprüft, indem die Polynome $V, q \in \mathbb{R}[x]$ und $r, s_j \in \Sigma[x]$ so bestimmt werden, dass (36)–(40) erfüllt sind. Allerdings kann SOSTOOLS nur die Aufgaben lösen, in denen die unbekannten Polynome V, q, r und s_j affin linear auftreten. Diese Voraussetzung ist in (37)–(38) nicht erfüllt; die unbekannte Lyapunov-Funktion kommt nichtlinear in den Bedingungen (31)–(32) vor. Dieses Problem wird umgangen, indem der Exponent $k_2 = 1$ gewählt wird und die SOS-Polynome s_3, s_4 und s_{10} gleich null gesetzt werden. Damit kann (31) durch $V - 1$ dividiert werden und der quadratische Term der Lyapunov-Funktion in (32) entfällt. Da das Optimierungsproblem möglichst einfach gehalten werden soll (siehe [2]), werden die positiv definiten Polynome $l_{1,2}$ aus der Menge der SOS-Polynome gewählt, d.h. $l_{1,2} \in \Sigma[x]$, und s_1 wird durch $s_1 l_1$ ersetzt, sowie s_2 durch l_1, und zusätzlich $s_7, \ldots, s_9$ durch $s_7 l_2, \ldots, s_9 l_2$. Des weiteren werden die verbleibenden Exponenten zu $k_1, k_3, k_{i1}, k_{i2} = 1$ gewählt, so dass im Anschluss die Bedingungen (30) und (32) durch die Polynome $l_{1,2}$ dividiert werden können. Löst man nun die Bedingungen (30)–(34) nach den SOS-Polynomen s_1, s_5, s_7, s_{i1}, und s_{i5} auf, so ergibt sich das ***Optimierungsproblem 1***

$$\max \beta \quad \text{so dass} \tag{35}$$
$$V - l_1 \in \Sigma[x] \tag{36}$$
$$-(\beta - p)\, s_6 - (V - 1) \in \Sigma[x] \tag{37}$$
$$-(1 - V)\, s_8 - \frac{\partial V}{\partial x}\left(f\left(r_0 + r\right) - gq\right) s_9 - l_2 \in \Sigma[x] \tag{38}$$
$$-(1 - V)s_{i2} - (x_i - x_{up,i})s_{i3} - (1 - V)(x_i - x_{up,i})s_{i4} - (x_i - x_{up,i})^2 \in \Sigma[x] \tag{39}$$
$$-(1 - V)s_{i6} - (x_{lo,i} - x_i)s_{i7} - (1 - V)(x_{lo,i} - x_i)s_{i8} - (x_{lo,i} - x_i)^2 \in \Sigma[x]. \tag{40}$$

Damit enthält das Optimierungsproblem 1 polynomiale Nebenbedingungen (36)–(40), die auf eine SOS-Darstellung überprüft werden müssen. Allerdings treten unbekannte Polynome bi-/trilinear in den Bedingungen (38)–(40) auf, z.B. $(1 - V)s_8$ oder $\frac{\partial V}{\partial x}\left(f\left(r_0 + r\right) - gq\right) s_9$. Dieses Problem der Bi-/Trilinearitäten der unbekannten Polynome wird in ähnlicher Weise wie in [2] gelöst. Der Grundgedanke dabei ist, ein oder zwei der unbekannten Polynome (V, q, r, und s_j) fest vorzugeben, so dass die verbleibenden Unbekannten nur noch affin linear auftreten und somit das SOS-Programm gelöst werden kann. Betrachtet man aber die Bedingung (36) etwas genauer, so stell man fest, dass nur die unbekannte Lyapunov-Funktion V auftritt, die beim iterativen Vorgehen in bestimmten Schritten fest vorgegeben wird. Deshalb kann diese Bedingung (36) in allen Schritten weggelassen werden, bei denen V fest vorgegeben wird.
Die Nebenbedingung (37) besagt, dass das Optimierungsgebiet P (siehe (15)) innerhalb der Abschätzung des Einzugsbereichs (siehe (18)) liegen muss. Folglich ergibt sich für ein fest vorgegebenes V wegen Bedingung (37) immer das gleiche β als Lösung des Optimierungsproblems 1 (35)–(40). Das einzig verbleibende unbekannte Polynom s_6 in (37) tritt nur affin linear auf, d.h. es braucht in keinem Schritt fest vorgegeben werden, sondern kann jedes mal neu berechnet werden. Daher kann auch die Bedingung (37) in allen Schritten entfallen, in denen die Lyapunov-Funktion V fest vorgegeben wird. Dies führt zu einem einfacheren Optimierungsproblem, allerdings geht beim Streichen der Bedingungen (36)–(37) der Optimierungsparameter β verloren. Durch die Einführung eines neuen Optimierungsparameters α in $V \leq \alpha$ im Vergleich zu $V \leq 1$ (siehe (16)) entsteht das neue ***Optimierungsproblem 2***

$$\max \alpha \quad \text{so dass} \tag{41}$$
$$-(\alpha - V)s_8 - \frac{\partial V}{\partial x}\left(f\left(r_0 + r\right) - gq\right) s_9 - l_2 \in \Sigma[x] \tag{42}$$
$$-(\alpha - V)s_{i2} - (x_i - x_{up,i})s_{i3} - (\alpha - V)(x_i - x_{up,i})s_{i4} - (x_i - x_{up,i})^2 \in \Sigma[x] \tag{43}$$
$$-(\alpha - V)s_{i6} - (x_{lo,i} - x_i)s_{i7} - (\alpha - V)(x_{lo,i} - x_i)s_{i8} - (x_{lo,i} - x_i)^2 \in \Sigma[x], \tag{44}$$

das die Abschätzung des Einzugsbereichs in allen Schritten mit fest vorgegebener Lyapunov-Funktion V maximiert. Dieses neue Optimierungsproblem 2 hat den Vorteil, dass sich die Wahl der Startfunktionen für das Stellgesetz q und r und auch die Lyapunov-Funktion V wesentlich einfacher gestaltet. Hierbei wird, wie in [2], eine lineare Zustandsrückführung für das linearisierte System (1) und die quadratische Lyapunov-Funktion des linearisierten, geregelten Systems verwendet. Würde man die Bedingungen (36)–(37) nicht streichen, so müssten die Startfunktionen V, q und r so gewählt werden, dass die Abschätzung des Einzugsbereichs, d.h. $V \leq 1$, die Zustandsbeschränkungen nicht verletzt (siehe (20)–(21)). Bei Verwendung des modifizierten Optimierungsproblems 2 für fest vorgegebene V wird die Abschätzung des Einzugsbereichs, jetzt gegeben durch $V \leq \alpha$, durch die Optimierung von α so bestimmt, dass (41)–(44) eingehalten werden. Mit anderen Worten, die Abschätzung des Einzugsbereichs der Ruhelage für gegebene Startfunktionen V, q und r wird so berechnet, dass die Zustandsbeschränkungen eingehalten werden anstelle einer ansonsten schwierigen Wahl der Startfunktionen V, q, und r, die die Zustandsbeschränkung bereits a priori erfüllen müssten. Letztendlich ergibt sich ein iteratives Vorgehen zur Vermeidung der Bi-/Trilinearitäten in den unbekannten Polynomen bestehend aus fünf Schritten:

1. Schritt Lösen des Optimierungsproblems 2 mit festen V, q und r, so dass α_1 (Lösung für α in Schritt 1) und s_j aus (42)–(44) mit Hilfe einer Bisektion bestimmt werden.

2. Schritt Lösen des Optimierungsproblems 2 mit festen V und s_9, so dass α_2 (Lösung für α in Schritt 2) und s_8, s_{i2}, s_{i3}, s_{i4}, s_{i6}, s_{i7}, s_{i8} aus (42)–(44) mit Hilfe einer Bisektion bestimmt werden.

3. Schritt Lösen des Optimierungsproblems 2 mit festen V, q und r, so dass α_3 (Lösung für α in Schritt 3) und s_j aus (42)–(44) mit Hilfe einer Bisektion bestimmt werden. (Wiederholung von Schritt 1 für die neuen Polynome q und r)

4. Schritt Lösen des Optimierungsproblems 1 mit festen q, r, s_8, s_9, s_{i2}, s_{i4}, s_{i6} und s_{i8}, so dass β_4 (Lösung für β in Schritt 4) und V, s_6, s_{i3}, s_{i7}, aus (36)–(40) mit Hilfe einer Bisektion bestimmt werden.

5. Schritt Wenn die Differenz zwischen dem aktuellen und dem letzten Wert von $\beta_{max,4}$ größer ist als eine vorgegebene Toleranz, d.h. $\beta_{max,4,neu} - \beta_{max,4,alt} > tol$, dann geht man zurück zu Schritt 1 unter Verwendung der aktuellen Polynome des Reglers q und r und der Lyapunov-Funktion V. Andererseits, d.h. $\beta_{max,4,neu} - \beta_{max,4,alt} < tol$, endet die Iteration und $\beta_{max,4}$ ist die Lösung der Optimierungsaufgabe (35)–(40).

Verwendet man dieses iterative Vorgehen für die Optimierungsprobleme 1 und 2, so treten alle unbekannten Polynome in (36)–(40) und (42)–(44) linear in jeden Schritt auf und folglich kann die SOS-Programmierung zur Lösung verwendet werden. Das Optimierungsproblem 1 wird nur noch im 4. Schritt verwendet, in dem eine neue Lyapunov-Funktion V berechnet wird; in den Schritten 1 bis 3 wird das einfachere Optimierungsproblem 2 für eine feste Lyapunov-Funktion V benutzt, was zu einem leicht reduzierten Berechnungsaufwand führt. Auch in diesem Fall ist nicht allgemein bekannt, wie die Grade der Funktionen V, q, r und der SOS-Polynome s_j gewählt werden müssen, um eine Lösung für die Optimierungsaufgabe zu erhalten. Jedoch müssen folgende Bedingungen

$$\deg(V) \geq \deg(l_1) \tag{45}$$
$$\deg(ps_6) \geq \deg(V) \tag{46}$$
$$\deg(Vs_8) \geq \max\left\{\deg\left(\frac{\partial V}{\partial x}(f(r_0+r)-gq)\,s_9\right),\ \deg(l_2)\right\} \tag{47}$$
$$\deg(Vs_{i2}) \geq \max\left\{\deg((x_i - x_{up,i})s_{i3}),\ \deg(V(x_i - x_{up,i})s_{i4}),\ \deg\left((x_i - x_{up,i})^2\right)\right\} \tag{48}$$
$$\deg(Vs_{i6}) \geq \max\left\{\deg((x_{lo,i} - x_i)s_{i7}),\ \deg(V(x_{lo,i} - x_i)s_{i8}),\ \deg\left((x_{lo,i} - x_i)^2\right)\right\} \tag{49}$$

eingehalten werden, damit der höchste auftretende Polynomgrad in (36)–(40) bzw. (42)–(44) gerade ist und ein positives Vorzeichen besitzt, was eine notwendige Voraussetzung für positiv semidefinite Polynome darstellt. Letztendlich wird ein β_{max} zusammen mit einem Regler bestehend aus den Funktionen q und r (siehe (3)) sowie eine Lyapunov-Funktion $V(x)$ bestimmt, die die Stabilität der Ruhelage $x = 0$ des geregelten Systems (4) basierend auf Satz 1 nachweist und dabei die Zustandsbeschränkungen (7)–(8) berücksichtigt. Des weiteren ist eine Abschätzung des Einzugsbereichs der Ruhelage $x = 0$ des geregelten Systems (4) bei Verwendung der Optimierung der unteren Schranke direkt gegeben durch $\{x \in \mathbb{R}^n \,|V(x) \leq 1\}$. So ist auch bei diesem Vorgehen sichergestellt, dass jede Trajektorie, die innerhalb der Abschätzung des Einzugsbereichs startet, stets innerhalb der Zustandsbeschränkungen bleibt und asymptotisch in die Ruhelage läuft.

5 Beispiel

In diesem Abschnitt wird das vorgestellte Entwurfsverfahren verwendet, um ein rationales Stellgesetz (3) und eine Lyapunov-Funktion zu bestimmen. Das betrachtete System ist durch die polynomiale Beschreibung

$$\dot{x} = \begin{bmatrix} -x_2 \\ x_1 + x_2\left(x_1^2 - 1\right) \end{bmatrix} + \begin{bmatrix} 0 \\ 1 \end{bmatrix} u, \quad -2.5 - x_2 \leq x_1 \leq 2.5 - x_2 \tag{50}$$

gegeben, mit einer Ruhelage bei $x = 0$ für $u = 0$, die im weiteren Verlauf mit einem möglichst großen Einzugsbereich unter Beachtung der Zustandsbeschränkung für x_1 durch Anwendung der beschriebenen Entwurfsmethodik stabilisiert werden soll.
Zuerst soll ein stabilisierender Regler und eine Lyapunov-Funktion für (50) mit Hilfe der Optimierung der oberen Schranke (siehe Abschnitt 4.1) systematisch bestimmt werden, um eine Vergleichsmöglichkeit für die Optimierung der unteren Schranke zur Verfügung zu haben.
Hierbei soll in einem ersten Ansatz ein linearer Zustandsregler gewählt werden, d.h. deg$(q) = 1$, deg$(r) = 0$ und die Konstante r_0 im Nenner (siehe (3)) wird für alle weiteren Betrachtungen auf $r_0 = 0.1$ gesetzt; die Lyapunov-Funktion wird dabei quadratisch angesetzt.
Mit diesen Vorgaben erhält man die in Abbildung 1 gezeigte Abschätzung des Einzugsbereichs des geregelten Systems. Wie man erkennen kann, wurde ein linearer Zustandsregler und eine Lyapunov-Funktion bestimmt, die die asymptotische Stabilität der Ruhelage $x = 0$ des geregelten Systems nachweist und mit deren Hilfe eine Abschätzung des Einzugsbereichs mit $\beta_{max} = 3.054$ und $c_{max} = 0.76$ (siehe [2]) resultiert. Die Einhaltung der Zustandsbeschränkung wird in Abbildung 1 ebenfalls deutlich, denn die obere Schranke liegt gerade innerhalb der Beschränkung. Um einen Einblick zu erhalten, wie sich die Dynamik des geregelten Systems im Vergleich zum ungeregelten System (50) verändert, werden die Eigenwerte

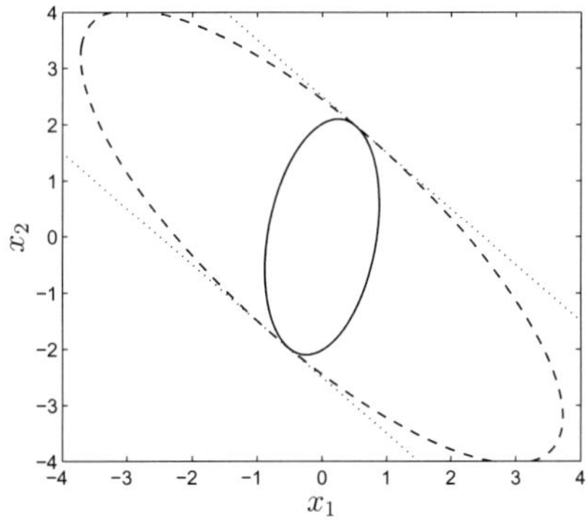

Abbildung 1: Abschätzung des Einzugsbereichs für deg(V)=2, deg(q)=1 and deg(r)=0: ($\cdots$) Zustandsbeschränkung, (– –) $p = 3.054$, (—) Abschätzung des Einzugsbereich des geregelten Systems ($V = 0.76$)

der jeweiligen Linearisierungen betrachtet. Das ungeregelte System (50) weist Eigenwerte bei $\lambda_{1,2} = -0.5 \pm j0.86$ auf und die Eigenwerte des geregelten Systems unter Verwendung des linearen Zustandsreglers liegen bei $\lambda_1 = -0.89$ und $\lambda_2 = -13.6$. Somit ergibt sich eine etwas schnellere Dynamik für das geregelte System im Vergleich zum ungeregelten System.
Das Ergebnis für ein nichtlineares Stellgesetz mit $\deg(q) = 5$ und $\deg(r) = 2$ sowie einer Lyapunov-Funktion vom Grad 8 ist in Abbildung 2 gezeigt. Diese Einstellung liefert erneut

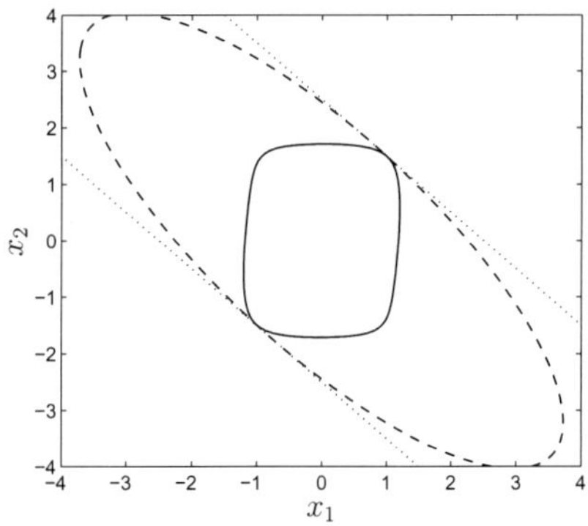

Abbildung 2: Abschätzung des Einzugsbereichs für deg(V)=8, deg(q)=5 and deg(r)=2: ($\cdots$) Zustandsbeschränkung, (– –) $p = 3.054$, (—) Abschätzung des Einzugsbereich des geregelten Systems ($V = 2.80$)

$\beta_{max} = 3.054$ und dazu $c_{max} = 2.80$, d.h. die obere Schranke wurde wieder bis zur Zustandsbeschränkung ausgedehnt, nur ergibt sich bei einer Lyapunov-Funktion vom Grad 8 eine andere Form der Abschätzung des Einzugsbereichs. Vergleicht man Abbildung 1 und 2 so zeigt sich eine leichte Vergrößerung der Abschätzung des Einzugsbereichs für den nichtlinearen Ansatz (Abbildung 2). Der Grund liegt in der flexibleren Form der Lyapunov-Funktion vom Grad 8

im Vergleich zur quadratischen Lyapunov-Funktion, die auf eine elliptische Form beschränkt bleibt. Die Eigenwerte für den nichtlinearen Fall ergeben sich zu $\lambda_{1,2} = -1.79 \pm j0.98$ und sind damit etwas schneller als das ungeregelte System und das mit einem linearen Stellgesetz geregelte System.
Nun soll die Optimierung der unteren Schranke (siehe Abschnitt 4.2) zur Berechnung eines Stellgesetzes und einer Lyapunov-Funktion herangezogen werden. Der erste Schritt ist die Vorgabe eines positiv definiten Polynoms $p(x)$, das das Optimierungsgebiet P (siehe (15)) beschreibt. Um das Optimierungsproblem so einfach wie möglich zu halten, wird dazu eine quadratische Funktion wie in [2] gewählt, d.h. $p(x) = 0.6x_1^2 + 0.88x_1x_2 + 0.51x_2^2$; ebenso werden die positiv definiten Funktionen l_i zu $l_i(x) = 10^{-4}(x_1^2 + x_2^2)$ vorgegeben. Da die Ruhelage des ungeregelte Systems (50) stabil ist, wird in diesem Fall die Funktion zur Initialisierung des Reglers zu null gesetzt, d.h. $q(x) = 0$. Als Initialisierungsfunktion $V(x)$ wird die quadratische Lyapunov-Funktion der Jacobi Linearisierung des ungeregelten Systems (50) verwendet. Bevor die Optimierungsaufgabe (35)–(40) bzw. (41)–(44) gelöst werden kann, müssen noch die Grade aller unbekannten Poylnome vorgegeben werden. In Abbildung 3 ist das Ergebnis für ein nichtlineares Stellgesetz mit $\deg(q) = 3$ und $\deg(r) = 2$, für eine Lyapunov-Funktion vom Grad 6 und mit den SOS-Polynomgraden $\deg(s_6) = \deg(s_8) = 6$, $\deg(s_9) = \deg(s_{14,18}) = 2$, $\deg(s_{12,16}) = 4$ und $\deg(s_{13,17}) = 0$ dargestellt. Die Abschätzung des Einzugsbereichs der

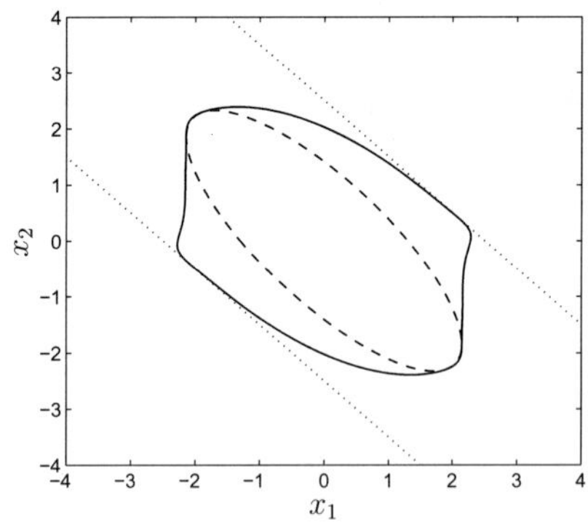

Abbildung 3: Abschätzung des Einzugsbereichs für deg(V)=6, deg(q)=3 and deg(r)=2: ($\cdots$) Zustandsbeschränkung, (– –) $p = 1.015$, (—) Abschätzung des Einzugsbereich des geregelten Systems ($V = 1$)

Ruhelage $x = 0$ bei Verwendung der Optimierung der unteren Schranke ist im Vergleich zur Optimierung der oberen Schranke um einiges größer (vergleiche Abbildung 2 und 3). Durch die direkte Optimierung der Abschätzung des Einzugsbereichs beim Verfahren der Optimierung der unteren Schranke kann sich diese wesentlich besser den Zustandsbeschränkungen anpassen als bei der Optimierung der oberen Schranke. Es ergeben sich für das geregelte System die Eigenwerte $\lambda_1 = -0.44$ und $\lambda_2 = -16.18$ und somit ist die Dynamik im Vergleich zum ungeregelten System und dem geregelten System mit Hilfe der Optimierung der oberen Schranke etwas langsamer.
Beide Verfahren weisen Vorteile gegenüber einem linearen Regler und einer quadratischen Lyapunov-Funktion auf, denn ein nichtlineares Stellgesetz besitzt mehr Freiheitsgrade, die bei dieser Entwurfsmethodik zur Vergrößerung der Abschätzung des Einzugsbereichs genutzt wer-

den können. Weiterhin zeigt sich gerade bei der Optimierung der unteren Schranke, dass eine Lyapunov-Funktion mit einem höheren Grad die Form der Zustandsbegrenzung besser annehmen kann als eine quadratische Lyapunov-Funktion, die auf eine elliptische Form beschränkt ist.

6 Zusammenfassung

In diesem Beitrag wurde eine Methode zur Stabilisierung einer Ruhelage eines nichtlineares Systems vorgestellt. Hauptaugenmerk bei diesem Vorgehen liegt in der Bestimmung einer möglichst großen Abschätzung des Einzugsbereichs der Ruhelage, wozu eine Lyapunov-Funktion für das geregelte nichtlineare System benötigt wird. Der Entwurf wird mittels der SOS-Programmierung durchgeführt, wobei die Freiheitsgrade des nichtlinearen Stellgesetzes durch Lösen einer Optimierungsaufgabe so bestimmt werden, dass für das geregelte System eine Lyapunov-Funktion mit einer möglichst großen Abschätzung des Einzugsbereichs resultiert. Zusätzlich werden bei der hier vorgestellten Methode Zustandsbeschränkungen berücksichtigt, d.h. die Abschätzung des Einzugsbereichs stellt neben dem Nachweis der asymptotischen Stabilität der Ruhelage auch sicher, dass die Trajektorien, die innerhalb der Abschätzung des Einzugsbereichs verlaufen, die Zustandsbeschränkungen stets einhalten. Diese Einschränkungen der Zustände müssen dabei durch polynomiale Funktionen beschrieben werden, damit sie im Rahmen der SOS-Programmierung verarbeitet werden können. Ebenso muss die Systembeschreibung aus polynomialen Funktionen bestehen, wogegen sich das nichtlineare Stellgesetz auf rationale Ausdrücke mit polynomialen Zähler- und Nennerfunktionen erweitern lässt, die nach einer kleinen Umformulierung erneut auf polynomialen Nebenbedingungen führen. Das Problem der Bi-/Trilinearitäten in den Nebenbedingungen der SOS-Programme kann durch einen iterativen Ansatz umgangen werden, indem in jedem Schritt eine Bisektion zur Lösung der Optimierungsaufgabe verwendet wird. Mit dem hier vorgestellten Verfahren ist bislang keine generelle Beeinflussung der Dynamik des geregelten Systems möglich, außer dass instabile Ruhelagen durch das rationale Stellgesetz gesichert stabilisiert werden. Insgesamt erhält man ein numerisches Entwurfsverfahren, das systematisch einen nichtlinearen Regler und eine polynomiale Lyapunov-Funktion mit einem Grad größer als zwei bestimmt und damit häufig zu wesentlich größeren Abschätzungen des Einzugsbereichs der Ruhelage des geregelten Systems führt, verglichen mit einem linearen Regler und einer klassischen, quadratischen Lyapunov-Funktion. Die grundlegende Idee zum Entwurf wurde in zwei unterschiedlichen Algorithmen implementiert, wobei gerade das Verfahren zur Optimierung der unteren Schranke gute Ergebnisse für das gezeigte Beispiel liefert.
Ein vergleichbares Verfahren kann für Systeme mit Stellbegrenzung (siehe [2]) durch eine Anpassung der Nebenbedingungen in den SOS-Programmen angegeben werden. Dabei ergeben sich zwei zusätzliche Bedingungen in den SOS-Programmen eine für die positive Stellbegrenzung und eine für die negative Stellbegrenzung. Beide Ansätze lassen sich auch kombinieren, so dass man Systeme mit Stell- *und* Zustandsbeschränkungen behandeln kann.

Literatur

[1] J. Bochnak, M. Coste und M.-F. Roy. *Real Algebraic Geometry*. Springer-Verlag, Berlin, 3. Edition, 1998.

[2] M. Bäuml und J. Deutscher. Stabilization of nonlinear systems with input saturation using SOS-programming. In *Proc. of 6. Mathmod, Vienna, Austria*, S. 209–219, 2009.

[3] J. Deutscher und C. Schmid. A state space embedding approach to approximate feedback linearization of nonlinear control systems. *Int. J. of Robust and Nonlinear Control*, 16:421–440, 2006.

[4] Z. W. Jarvis-Wloszek. *Lyapunov Based Analysis and Controller Synthesis for Polynomial Systems using Sum-of-Squares Optimization.* Dissertation, University of California – Berkeley, California, 2003.

[5] H. K. Khalil. *Nonlinear Systems*. Prentice Hall, Upper Saddle River, New Jersey, 3. Edition, 2002.

[6] P. Parrilo. *Structured Semidefinite Programs and Semialgebraic Geometry Methods in Robustness and Optimization.* Dissertation, California Institute of Technology – Pasadena, California, 2000.

[7] S. Prajna, A. Papachristodoulou, P. Seiler und P. A. Parrilo. *SOSTOOLS: Sum of squares optimization toolbox for MATLAB*, 2004.

[8] B. Reznick. Some concrete aspects of Hilbert's 17th problem. *Contemporary Mathematics*, S. 251–272, 2000.

[9] W. Tan. *Nonlinear Control Analysis and Synthesis using Sum-of-Squares Programming.* Dissertation, University of California – Berkeley, California, 2006.

Steuerung eines exothermen Plug-Flow-Reaktors mit flachheitsbasierten Methoden

Franz J. Winkler
Lehrstuhl für Regelungstechnik, Technische Universität München
Boltzmannstr. 15, 85748 Garching
E-Mail: winkler@tum.de

In diesem Artikel wird eine flachheitsbasierte Profilsteuerung für einen Rohrreaktor mit verteiltem Stelleingriff, basierend auf der Methode der Charakteristiken, vorgestellt. Die präsentierte Methode ermöglicht einen strukturierten Steuerungsentwurf, mit welchem relativ einfach mehrere Zielgrößen und Nebenbedingungen berücksichtigt werden können. Im Speziellen wird auch auf die Bestimmung zulässiger Referenzprofile und die Approximation der ermittelten Stellgröße eingegangen. Die Ergebnisse werden durch Simulation verifiziert.

1 Einleitung

In vielen Bereichen der chemischen Verfahrenstechnik kommen Rohrreaktoren zum Einsatz, weshalb die Entwicklung von Steuerungs- und Regelungsalgorithmen für diese Systeme laufend an Bedeutung gewonnen hat. In diesem Artikel werden Rohrreaktoren betrachtet, welche durch ein System von hyperbolischen partiellen Differentialgleichungen (PDGLn) 1. Ordnung beschrieben werden und einen verteilten Stelleingriff aufweisen, wie beispielsweise Plug-Flow-Reaktoren [18], Festbett-Reaktoren [22] und Druckwechselabsorptionsanlagen [20]. Die über den Ort verteilten Stelleingriffe erschweren dabei den Regelungs- und Steuerungsentwurf erheblich. Erste Arbeiten zur regelungstechnischen Behandlung von Rohreaktoren sind in [2, 4, 3, 7, 24] zu finden, wobei als Regelgröße eine Zustandsvariable am Ende des Reaktors betrachtet wird. In [21] wird ein Verfahren zum Entwurf einer optimalen stationären Steuerung für einen Rohrreaktor vorgestellt. Dabei wird das stationäre Modell des Rohrreaktors herangezogen um mit einem geeigneten Gütefunktional die erforderlichen Stellgrößen zur Erzeugung einer gewünschten Konzentration am Ausgang des Reaktors zu ermitteln. Die Wahl des Gütefunktionals erweist sich dabei als besonders schwierig, vor allem wenn weitere Zielgrößen, wie beispielsweise die Reaktorauslauftemperatur, berücksichtigt werden sollen. Aktuelle Arbeiten zum Steuerungsentwurf basieren großteils auf der Erweiterung des Konzepts der Flachheit für verteilt-parametrische Systeme [13, 16, 19]. Dabei wird vorwiegend ein Stelleingriff über die Randbedingung betrachtet und die Regelgröße stellt meist eine örtlich feste (häufig am Ende des Transportweges gelegene) Zustandsvariable dar. Der Entwurf basiert dabei auf der Approximation durch ein endlich dimensionales System unter Anwendung der modalen (pseudo-modalen) Analyse bzw. der Approximation durch eine Potenzreihe [1, 6, 16, 15]. Zur Prozessausgangssteuerung mit einer über den Prozess verteilten Stellgröße wird in [11] eine Methode zur Transformation in ein System mit Randsteuerung vorstellt. Dabei kann jedoch im Allgemeinen keine Parametrierung der verteilten Stellgröße durch einen flachen Ausgang erzielt werden und die Verfahren sind bisher auf lineare Systeme mit verteilten Parametern beschränkt. In [25] wird eine Methode zur Profilsteuerung für Transportprozesse mit verteiltem Stelleingriff vorgestellt und auf einen Durchlaufofen angewendet. Mit dieser Methode können strukturiert komplexe Steuerungsaufgaben gelöst und auf relativ einfache Weise zusätzliche Zielgrößen, wie beispielsweise beim Rohrreaktor die Auslauftemperatur, und Randbedingungen berücksichtigt werden.

Aus diesem Grund wird die Entwurfsmethode in diesem Artikel zur Profilsteuerung von Rohrreaktoren herangezogen.
Bezüglich der Modellierung von System mit verteilten Parametern weisen modale Verfahren den Nachteil auf, höhere Eigenmoden des partiellen Differentialoperators nicht zu berücksichtigen. Eine gute Approximation durch wenige Eigenmoden erfordert nämlich ein adäquates Abfallen der Energie höherer Eigenmoden [9, 14], was bei den hier betrachteten Prozessen aber nicht der Fall ist. In der Folge können modale Verfahren zu so genannten „spillover"-Effekten und zu instabiler Regelung führen [10]. Sowohl der Potenzreihenansatz als auch die modalen Approximationsverfahren stellen Verbindungen zwischen benachbarten Punkten des strömenden Mediums her und zwingen dem System somit ein Verhalten auf, welches im Grunde nicht vorliegt. So lassen Transportprozesse auch so genannte Schockwellen zu, bei denen eine sprunghafte Änderung der Randbedingung durch den Prozess hindurch transportiert wird [23], was durch eine modale Beschreibung nicht modellierbar ist, da die Eigenfunktionen stetig differenzierbar sind. Auch Finite Elemente-, Finite Volumen- und Finite Differenzen-Methoden sind zur Lösung konvektionsdominierter Systeme wenig geeignet [12].
Zur Lösung, Simulation sowie zum Steuerungs- und Regelungsentwurf für hyperbolische partielle Differentialgleichungen (PDGLn) 1. Ordnung eignet sich vielmehr die Methode der Charakteristiken, mit welcher die exakte Lösung der PDGL gefunden werden kann. Diese Methode wird in diesem Beitrag in Kombination mit dem flachheitsbasierten Ansatz zur Profilsteuerung eines Rohrreaktors mit verteiltem Stelleingriff verwendet. Dazu wird zuerst die Methode der Charakteristiken vorgestellt und anschließend auf ihre Anwendung zum Steuerungsentwurf eingegangen. Anschließend wird die Wahl von zulässigen Referenzprofilen unter Berücksichtigung von prozessbedingten Randbedingungen sowie weiterer Zielgrößen vorgestellt. Abschließend wird die Approximation der ermittelten Stellgröße durch diskrete Stelleingriffe diskutiert und die Ergebnisse durch Simulation verifiziert.

2 Methode der Charakteristiken

Die Lösung von konvektionsdominierten partiellen Differentialgleichungen führt mit üblichen Methoden, wie der Finiten-Differenzen-, Finiten-Elemente- oder Finiten-Volumen-Methode zu einer Reihe von Problemen [12]. In der Praxis betrifft dies Systeme mit einer Péclet-Zahl sehr viel größer als 1, was es erlaubt, das Problem auf eine partielle Differentialgleichung 1. Ordnung zu reduzieren [17]. In diesem Fall kann mit der Methode der Charakteristiken eine exakte Lösung gefunden werden [5]. Im Folgenden werden ausschließlich Prozesse betrachtet, bei denen sich alle Zustandsvariablen in die gleiche Richtung ausbreiten. Diese Klasse von Systemen wird durch PDGLn 1. Ordnung mit gleichem Hauptteil beschrieben. Seien $\Omega \subseteq \mathbb{R}^p$ ein Gebiet, $\Gamma \subset \Omega$ eine $(n-1)$-dimensionale Untermannigfaltigkeit, $\boldsymbol{z} \in \Omega$ die unabhängigen Variablen und $\boldsymbol{w}(\boldsymbol{z}) \in C^1(\Omega, \mathbb{R}^n)$ die abhängigen Variablen, dann gilt für ein System von quasilinearen PDGLn 1. Ordnung mit gleichem Hauptteil der Zusammenhang

$$a_1(\boldsymbol{z}, \boldsymbol{w})\, \boldsymbol{w}_{z_1} + \cdots + a_p(\boldsymbol{z}, \boldsymbol{w})\, \boldsymbol{w}_{z_p} - \boldsymbol{c}(\boldsymbol{z}, \boldsymbol{w}) = \boldsymbol{0}, \tag{1}$$

mit $\boldsymbol{w}_{z_i} = \frac{\partial \boldsymbol{w}}{\partial z_i}$, $a_i : \Omega \times C^1(\Omega, \mathbb{R}^n) \to \mathbb{R}$, $i = 1, \ldots, p$, $\boldsymbol{c} : \Omega \times C^1(\Omega, \mathbb{R}^n) \to \mathbb{R}^n$ und den Randbedingungen $\boldsymbol{w}(\boldsymbol{z}) = \boldsymbol{g}(\boldsymbol{z})$, $\boldsymbol{g} \in C^1(\Gamma, \mathbb{R}^n)$. Für diese Klasse von PDGLn ist auch eine geometrische Interpretation der Methode der Charakteristiken möglich. Dazu wird nun folgende allgemeine quasilineare partielle Differentialgleichung 1. Ordnung mit zwei unabhängigen Variablen z_1 und z_2 und einer abhängigen Variablen $w(z_1, z_2) \in C^1(\Omega)$ in einem Gebiet $\Omega \subset \mathbb{R}^2$

mit der Randbedingung $w(z_1, z_2) = g(z_1, z_2)$ auf $\Gamma \subset \Omega$ betrachtet:

$$a(z_1, z_2, w)\, w_{z_1} + b(z_1, z_2, w)\, w_{z_2} - c(z_1, z_2, w) = 0. \tag{2}$$

Gl. (2) kann auch als Skalarprodukt formuliert werden:

$$(a, b, c)\,(w_{z_1}, w_{z_2}, -1)^T = 0. \tag{3}$$

Nun wird angenommen, dass $w = w(z_1, z_2)$ die Lösung von Gl. (2) darstellt bzw. in impliziter Form

$$f(z_1, z_2, w) \equiv w(z_1, z_2) - w = 0 \tag{4}$$

eine mögliche Lösungsfläche im (z_1, z_2, w)-Raum repräsentiert. Die Funktion $f(z_1, z_2, w) : \Omega \times \mathbb{R} \to \mathbb{R}$ bezeichnet die Integralfläche von Gleichung (2). Der Gradient der Integralfläche wird durch $\nabla f = (w_{z_1}, w_{z_2}, -1)^T$ beschrieben und steht normal zur Integralfläche. Damit folgt aus Gleichung (3), dass das Vektorfeld (a, b, c) in der Tangentialebene von $f(z_1, z_2, w) = 0$ liegen muss. Eine charakteristische Kurve wird nun dadurch definiert, dass ihre Tangente in jedem Punkt (z_1, z_2, w) mit dem Vektorfeld (a, b, c) zusammenfällt. Werden die charakteristischen Kurven durch folgende mit der Variablen s parametrierten Gleichungen beschrieben

$$z_1 = \xi_1(s) \;\;,\;\; z_2 = \xi_2(s) \;\;,\;\; w(\boldsymbol{\xi}(s)) = x(s)\;, \tag{5}$$

so lautet der Tangentialvektor dieser Kurven $\left(\frac{d\xi_1}{ds}, \frac{d\xi_2}{ds}, \frac{dx}{ds}\right)$, welcher nach Definition gleich dem Vektor (a, b, c) sein muss. Damit folgt für die charakteristischen Kurven ein System von gewöhnlichen Differentialgleichungen bezüglich der Variablen s:

$$\frac{d\xi_1}{ds} = a(\xi_1, \xi_2, x),\; \frac{d\xi_2}{ds} = b(\xi_1, \xi_2, x),\; \frac{dx}{ds} = c(\xi_1, \xi_2, x). \tag{6}$$

Diese Differentialgleichungen werden als charakteristische Differentialgleichungen der quasilinearen PDGL (2) bezeichnet. Gilt $c = 0$, so ist aus Gleichung (6) ersichtlich, dass die Lösung $w(\boldsymbol{\xi}(s)) = x(s)$ entlang der charakteristischen Kurve konstant bleibt. Das bedeutet aus physikalischer Sicht, dass der Zustandsgröße w weder Energie zu- noch abgeführt und somit lediglich die Anfangsbedingung durch den Prozess transportiert wird. In diesem Fall entspricht der Prozess demnach einem Totzeit-System. Die Projektion der charakteristischen Kurven auf die (z_1, z_2)-Ebene werden als Grundcharakteristiken der quasilinearen PDGL (2) bezeichnet. Abb. 1 veranschaulicht die Zusammenhänge. Die Steigung der Grundcharakteristiken der quasilineare PDGL wird durch folgenden Zusammenhang ausgedrückt:

$$\frac{d\xi_2}{d\xi_1} = \frac{b(\xi_1, \xi_2, x)}{a(\xi_1, \xi_2, x)}. \tag{7}$$

Die Verallgemeinerung der geometrischen Interpretation auf Systeme hyperbolischer PDGLn 1. Ordnung mit gleichem Hauptteil führt auf die besondere Eigenschaft, dass die charakteristischen Kurven die gleichen Grundcharakteristiken besitzen. Diese Eigenschaft stellt sich für den Steuerungsentwurf als besonders vorteilhaft heraus, wie im Folgenden noch gezeigt wird.

3 Modell des Rohrreaktors

Der betrachtete Prozess wird schematisch in Abb. 2 dargestellt. Der Mantel des Rohrreaktor besteht aus einer zunächst noch unbestimmten Anzahl m an Heizzonen. Der Stoff mit der Konzentration C_A fließt mit der Geschwindigkeit $v(t)$ durch den Rohrreaktor und reagiert dabei

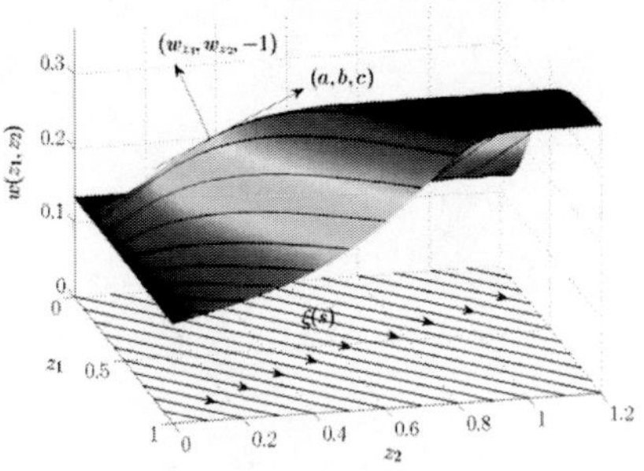

Abbildung 1: Tangential und Normalenvektor der Lösungsfläche im Punkt (z_1, z_2, w).

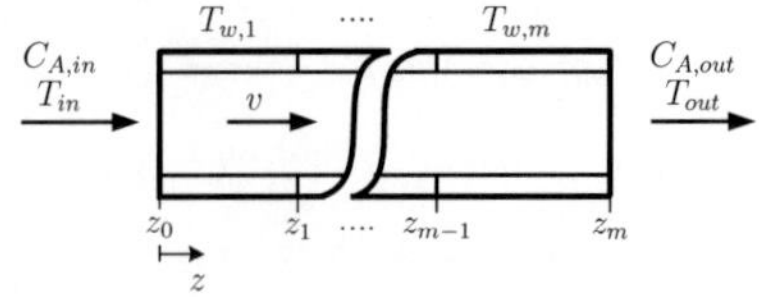

Abbildung 2: Schematischer Aufbau des Rohrreaktors.

mit dem vorhanden Katalysator. Bei dem in diesem Beitrag betrachteten Rohrreaktor dominiert die Konvektion gegenüber der Diffusion. Damit kann der Reaktor durch ein System von quasilinearen hyperbolischen partiellen Differentialgleichungen erster Ordnung beschrieben werden. Die Modellgleichungen des Rohrreaktors wurden [8] entnommen ($z \in [0, L], t \in \mathbb{R}^+$):

$$\begin{aligned}
\frac{\partial C_A(z,t)}{\partial t} + v(t)\frac{\partial C_A(z,t)}{\partial z} &= -C_A(z,t)\, k_0\, e^{-\frac{E_A}{R\,T(z,t)}} \\
\frac{\partial T(z,t)}{\partial t} + v(t)\frac{\partial T(z,t)}{\partial z} &= C_A(z,t)\, k_0\, \frac{\Delta H_R}{\rho\, c_p}\, e^{-\frac{E_A}{R\,T(z,t)}} - \frac{4k_w}{\rho c_p d}(T(z,t) - T_w(z,t)) \\
C_A(z,0) &= C_{A,0}(z) \\
C_A(0,t) &= C_{A,in}(t) \\
T(z,0) &= T_0(z) \\
T(0,t) &= T_{in}(t),
\end{aligned} \tag{8}$$

mit

$$T_w(z,t) = (H(z) - H(z - z_1))\, T_{w,1}(t) + \cdots + (H(z - z_{m-1}) - H(z - z_m))\, T_{w,m}(t), \tag{9}$$

wobei $H(z)$ die Heaviside-Funktion bezeichnet. Die Systemgrößen und Systemparameter werden in Tabelle 1 beschrieben. Das System (8) lautet in Vektorschreibweise

$$\frac{\partial \boldsymbol{w}(z,t)}{\partial t} + v(t)\frac{\partial \boldsymbol{w}(z,t)}{\partial t} = \boldsymbol{f}(\boldsymbol{w}) + \boldsymbol{g}\, T_w(z,t), \tag{10}$$

mit

$$\boldsymbol{f}(\boldsymbol{w}) = \begin{pmatrix} -w_1(z,t)\, k_0\, e^{-\frac{E_A}{R\,w_2(z,t)}} \\ w_1(z,t)\, k_0\, c_1\, e^{-\frac{E_A}{R\,w_2(z,t)}} - c_H\, w_2(z,t) \end{pmatrix}, \quad \boldsymbol{g} = \begin{pmatrix} 0 \\ c_H \end{pmatrix}, \tag{11}$$

dem Zustandsvektor $\boldsymbol{w} = (C_A \;\; T)^T$ und den Konstanten c_1 und c_2 entsprechend Tabelle 1. Die Anwendung der Methode der Charakteristiken führt mit $\boldsymbol{\xi}(s) := (z \;\; t)^T$, $\boldsymbol{x}(s) := \boldsymbol{w}(\boldsymbol{\xi}(s))$ und $u(\boldsymbol{\xi}(s)) = T_w(z,t)$ zu folgendem Differentialgleichungssystem entlang einer charakteristischen Kurve ($d/ds(\cdot) = (\cdot)'$):

$$\xi_1'(s) = v(\xi_2(s)) \tag{12}$$

$$\xi_2'(s) = 1 \tag{13}$$

$$\boldsymbol{x}'(s) = \boldsymbol{f}(\boldsymbol{x}(s)) + \boldsymbol{g}\, u(\boldsymbol{\xi}(s)), \tag{14}$$

Parameter	Beschreibung	Wert	Einheit
$C_A(z,t)$	Konzentration des Stoffes A	-	$\frac{\text{mol}}{\text{l}}$
$T(z,t)$	Temperatur des Rohrreaktors	-	K
$T_w(z,t)$	Wandtemperatur	-	K
$C_A(0,t)$	Einlaufkonzentration (konst.)	0.02	$\frac{\text{mol}}{\text{l}}$
$T(0,t)$	Einlauftemperatur (konst.)	340	K
v	Prozessgeschwindigkeit	0.1	$\frac{\text{m}}{\text{sec}}$
k_0	Stoßfaktor	10^6	sec^{-1}
E_A	Aktivierungsenergie für Stoff A	11250	$\frac{\text{cal}}{\text{mol}}$
R	allgemeine Gaskonstante	1.986	$\frac{\text{cal}}{\text{mol K}}$
ΔH_R	Reaktionsenthalphie	-	$\frac{\text{cal}}{\text{mol}}$
ρ	Dichte	-	$\frac{\text{kg}}{\text{l}}$
c_p	spezifische Wärme	-	$\frac{\text{cal}}{\text{kg K}}$
k_w	Wärmedurchgangskoeffizient	-	$\frac{\text{W}}{\text{m}^2\,\text{K}}$
d	Rohrdurchmesser	-	m
L	Länge des Rohrreaktors	1	m
$c_1 = \frac{\Delta H_R}{\rho\, c_p}$	-	4250	$\frac{\text{K l}}{\text{mol}}$
$c_2 = \frac{4\, k_w}{\rho\, c_p\, d}$	-	0.2	sec^{-1}

Tabelle 1: Systemgrößen und Systemparameter des Rohrreaktors nach [21].

mit den Anfangsbedingungen $\boldsymbol{x}(0) = \boldsymbol{x}_{in}$. Für den Steuerungsentwurf wird die Stellgröße als eine über den Ort kontinuierliche Funktion $\tilde{u}(\boldsymbol{\xi}(s))$ betrachtet und mit Gl. (12) und (13) auf die charakteristische Kurve abgebildet ($\tilde{u}(\boldsymbol{\xi}(s)) \mapsto \tilde{u}(s)$).

4 Flachheitsbasierter Steuerungsentwurf

Wie in [25] gezeigt wird, bewegt sich jedes einlaufende Volumenelement entlang der Grundcharakteristiken durch den Prozess. Die Änderung der Zustandsvariablen wird durch das PDGL-System (14) beschrieben. Damit kann der Steuerungsentwurf zur Erzeugung eines gewünschten Profils der Konzentrationsabnahme entlang der charakteristischen Kurve anhand von Gl. (14) erfolgen. Liegt das Referenzprofil entlang der Ortskoordinate z vor, muss es somit zuvor noch mit Gl. (12) und (13) auf die charakteristische Kurve abgebildet werden.
Das DGL-System (14) entlang der charakteristischen Kurve

$$\begin{aligned} x_1'(s) &= -x_1(s)\, k_0\, e^{-\frac{E_A}{R\, x_2(s)}} \\ x_2'(s) &= x_1(s)\, k_0\, c_1\, e^{-\frac{E_A}{R\, x_2(s)}} - c_2\,(x_2(s) - \tilde{u}(s)) \end{aligned} \tag{15}$$

ist flach mit dem flachen Ausgang $y_f(s) = x_1(s)$. Der zu steuernde Ausgang stellt also den flachen Ausgang dar und parametriert somit direkt die Stellgröße, wodurch die Realisierung des gewünschten Referenzprofils wesentlich vereinfacht wird.

Aus Gl. (15) folgt für die Stellgröße

$$
\begin{aligned}
\tilde{u}(s) &= \frac{1}{c_2}\left(x_2'(s) - c_1 \underbrace{k_0\, x_1(s)\, e^{-\frac{E_A}{R\, x_2(s)}}}_{y_f'(s)} + c_2\, x_2(s)\right) = \frac{1}{c_2}\left(x_2'(s) + c_1\, y_f'(s) + c_2\, x_2(s)\right) \\
&= f(y_f(s), y_f'(s), y_f''(s)),
\end{aligned} \tag{16}
$$

mit

$$
x_2(s) = -\frac{E_A}{R}\frac{1}{\ln\left(-\frac{y_f'(s)}{y_f(s)\,k_0}\right)} \quad \text{und} \quad x_2'(s) = -\frac{E_A}{R}\left(\frac{y_f'(s)}{y_f(s)} - \frac{y_f''(s)}{y_f'(s)}\right)\frac{1}{\ln\left(-\frac{y_f'(s)}{y_f(s)\,k_0}\right)^2}. \tag{17}
$$

Der ermittelte Stellgrößenverlauf liegt entlang der charakteristischen Kurve vor und muss somit noch auf den Ort und die Zeit abgebildet werden, bevor entsprechend Gl. (9) die Stellgrößenverläufe der einzelnen Heizzonen ermittelt werden können. Mit dem vorgestellten Verfahren können komplexe Steuerungsaufgaben sowohl bei konstanter als auch variabler Geschwindigkeit v strukturiert gelöst werden. Abhängig vom Prozess ist jedoch im Vorfeld die Konsistenz der Referenztrajektorie mit den vorliegenden Randbedingungen zu prüfen. Dies wird im Folgenden für den Entwurf einer stationären Steuerung des Rohrreaktors demonstriert. Der Reaktor wird also mit konstanter Geschwindigkeit betrieben und die Einlaufkonzentration $C_{A,in}$ und Einlauftemperatur T_{in} werden als konstant angenommen. In diesem speziellen Fall kann jede beliebige charakteristische Kurve, welche ein vollständiges Durchlaufen eines Volumenelements durch den Prozess beschreibt, betrachtet werden. Wird die charakteristische Kurve herangezogen, deren Grundcharakteristik durch den Ursprung $\boldsymbol{\xi}(s) = \mathbf{0}$ verläuft, ist aus Gl. (12) und (13) erkennbar, dass der Parameter s über den proportionalen Zusammenhang $z = v\, s$ mit der Ortskoordinate z verbunden ist. Damit kann der Steuerungsentwurf auch bezüglich der Ortskoordinate erfolgen, was der Betrachtung der stationären PDGLn entspricht ($d\boldsymbol{x}(s)/ds = v\, d\boldsymbol{x}(z)/dz = v\, \boldsymbol{x}'(z)$):

$$
\begin{aligned}
x_1'(z) &= -x_1(z)\,\frac{k_0}{v}\, e^{-\frac{E_A}{R\, x_2(z)}} \\
x_2'(z) &= x_1(z)\,\frac{k_0}{v}\, c_1\, e^{-\frac{E_A}{R\, x_2(z)}} - c_2\,(x_2(z) - \tilde{u}(z)).
\end{aligned} \tag{18}
$$

Die Stellgröße hängt nun nur noch von der Ortskoordinate z ab, womit für Gl. (9) folgt:

$$
T_w(z) = u(z) = (H(z) - H(z - z_1))\; u_1 + \cdots + (H(z - z_{m-1}) - H(z - z_m))\; u_m. \tag{19}
$$

Im folgenden Abschnitt wird die Flachheit zur Analyse der Referenzprofile herangezogen und die Bestimmung zulässiger Profile diskutiert.

5 Referenzprofile

Das Ziel des Steuerungsentwurfs kann einerseits in der Realisierung eines gewünschten Verlaufs der Konzentrationsabnahme und andererseits lediglich in der Erzielung einer bestimmten Konzentration am Ende des Rohrreaktors liegen. Mit dem vorgestellten Steuerungsentwurf können beide Ziele auf relativ einfache Weise erreicht werden. Die Referenztrajektorie muss jedoch einige Bedingungen erfüllen, welche im Folgenden diskutiert werden. Für die Analyse des Prozesses ist das Verhalten entlang der charakteristischen Kurve relevant, was im stationären Fall dem Verhalten entlang der Ortskoordinate entspricht.

5.1 Prozessbedingte Randbedingungen

Bei dem vorliegenden Prozess kann nicht jedes beliebige Profil der Konzentrationsabnahme erreicht werden. Zusammen mit den Zielgrößen muss das Referenzprofil eine Reihe von prozessbedingten Randbedingungen erfüllen:

1. $y_f^*(0) \stackrel{!}{=} x_{1,in}$
2. $x_2(0) \stackrel{!}{=} x_{2,in} \Longrightarrow \left.\frac{d\,y_f^*(z)}{d\,z}\right|_{z=0} \stackrel{!}{=} \left.\frac{d\,x_1(z)}{d\,z}\right|_{z=0} = -\frac{k_0}{v}\, x_{1,in}\, e^{-\frac{E_A}{R\,x_{2,in}}}$
3. $y_f^{*'}(z) = -y_f^*(z)\, \frac{k_0}{v}\, e^{-\frac{E_A}{R\,x_2(z)}} \Longrightarrow y_f^{*'}(z) \stackrel{!}{\leq} 0 \qquad \forall z \in [0, L]$
4. $u_{min} \leq \tilde{u}(z) \leq u_{max}$
5. $z_2(L) = z_{2,out} : \begin{cases} x_{2,out} \stackrel{!}{=} x_{2,d} \iff \left.\frac{d\,y_f^*(z)}{d\,z}\right|_{z=L} = -y_f^*(L)\, \frac{k_0}{v}\, e^{-\frac{E_A}{R\,x_{2,out}}} \\ |x_{2,out} - x_{2,d}| \stackrel{!}{\leq} \Delta \iff \left| -\frac{E_A}{R} \frac{1}{ln\left(-\frac{y_f'(L)\,v}{y_f(L)\,k_0}\right)} - x_{2,d} \right| \stackrel{!}{\leq} \Delta \end{cases}$
6. $z_1(L) = r$

Bedingungen 1 bis 3 spiegeln die Tatsache wider, dass die Referenztrajektorie mit dem DGL-System entlang der charakteristischen Kurve konsistent sein und mit den Anfangsbedingungen übereinstimmen muss. Bedingung 4 beschreibt die Begrenzung der Stellglieder. Diese vier Bedingungen müssen in jedem Fall erfüllt werden, um die Realisierbarkeit des Referenzprofils zu gewährleisten. Nachdem der Rohrreaktor in der Regel nur einen Teil der gesamten Prozesskette darstellt, wird für den nachfolgenden Prozess oft gefordert, dass das Medium am Ende des Rohrreaktors eine bestimmte Temperatur $x_{2,d}$ aufweist. Diese Forderung wird durch Bedingung 5 berücksichtigt, wobei zum einen eine exakte Auslauftemperatur gefordert und zum anderen ein definierter Bereich der Auslauftemperatur zugelassen wird. Die letzte Bedingung drückt den Wunsch aus, unabhängig von dem Referenzprofil eine gewisse Konzentration r am Ende des Reaktors zu erreichen. Mit diesen Bedingungen können nun mögliche Referenzprofile ermittelt bzw. ein vorliegender Verlauf auf Zulässigkeit geprüft werden.

Liegt der prinzipielle Verlauf des Referenzprofils als analytischer Ausdruck mit dem freien Parametervektor $\boldsymbol{a}$ vor, so ergeben sich abhängig von Bedingung 5 folgende im Allgemeinen nichtlineare Gleichungssysteme:

Für $x_{2,out} \stackrel{!}{=} x_{2,d}$:	Für $\lvert x_{2,out} - x_{2,d}\rvert \stackrel{!}{\leq} \Delta$:	
$\boldsymbol{F}_1(\boldsymbol{a}) = \boldsymbol{0}$ unter den NB	$\boldsymbol{F}_2(\boldsymbol{a}) = \boldsymbol{0}$ unter den NB	(20)
$y_f^{*'}(z) \leq 0$	$y_f^{*'}(z) \leq 0$	
$u_{min} \leq \tilde{u}(z) \leq u_{max}$	$u_{min} \leq \tilde{u}(z) \leq u_{max}$	
	$\lvert x_{2,out} - x_{2,d}\rvert \leq \Delta$	

Der Ansatz für ein Referenzprofil muss demnach genügend Freiheitsgrade aufweisen, um alle Bedingungen zu erfüllen. Durch Lösen der Gleichungssysteme wird sich in der Regel eine Schar an möglichen Referenzprofilen ergeben, aus denen dann das geeignetste Profil auszuwählen ist. Im Folgenden wird der Entwurfsprozess anhand von zwei Referenzprofilen verdeutlicht.

5.2 Bestimmung zulässiger Referenzprofile

Erfüllen die Referenzprofile die im letzten Abschnitt vorgestellten Bedingungen, so werden sie als zulässig bezeichnet. Um das Verfahren zur Bestimmung zulässiger Referenzprofile zu verdeutlichen werden im Folgenden ein s-förmiger Verlauf

$$y_f^*(z) = a_0 + a_1\, e^{-\frac{z}{a_4}} + a_2\, z\, e^{-\frac{z}{a_4}} + a_3\, \frac{z^2}{2}\, e^{-\frac{z}{a_4}}$$

und ein Polynom 4. Grades

$$y_f^*(z) = a_0 + a_1\, z + a_2\, z^2 + a_3\, z^3 + a_4\, z^4$$

betrachtet. Vorerst sollen zulässige Profile für die Bedingung $x_{2,out} = x_{2,d} = x_{2,in}$ ermittelt werden. Die Auswertung der vorgestellten Bedingungen führt entsprechend Gl. (20) auf die folgenden Gleichungssysteme für die beiden Referenzverläufe ($k_{out} = \frac{k_0}{v}\, e^{-\frac{E_A}{R\, x_{2,out}}}$, $k_{in} = \frac{k_0}{v}\, e^{-\frac{E_A}{R\, x_{2,in}}}$):

s-förmiger Verlauf:

$$\begin{pmatrix} 1 & 1 & 0 & 0 \\ 0 & -\frac{1}{a_4} & 1 & 0 \\ e^{\frac{L}{a_4}} & k_{out} - \frac{1}{a_4} & 1 + L\, k_{out} - \frac{L}{a_4} & L + \frac{L^2}{2} k_{out} - \frac{L^2}{2\, a_4} \\ 1 & e^{-\frac{L}{a_4}} & L\, e^{-\frac{L}{a_4}} & \frac{L^2}{2}\, e^{-\frac{L}{a_4}} \end{pmatrix} \begin{pmatrix} a_0 \\ a_1 \\ a_2 \\ a_3 \end{pmatrix} = \begin{pmatrix} x_{1,in} \\ -k_{in}\, x_{1,in} \\ 0 \\ r \end{pmatrix}, \quad (21)$$

mit den Tuning-Parametern r und a_4.

Polynom 4. Grades:

$$\begin{pmatrix} L^2 & L^3 & L^4 \\ 2\, L + L^2 k_{out} & 3\, L^2 + L^3 k_{out} & 4\, L^3 + L^4 k_{out} \end{pmatrix} \begin{pmatrix} a_2 \\ a_3 \\ a_4 \end{pmatrix} = \begin{pmatrix} r + x_{1,in}(k_{in}\, L - 1) \\ x_{1,in}(k_{in}\,(1 + L\, k_{out}) - k_{out}) \end{pmatrix}, \quad (22)$$

mit $a_0 = x_{1,in}$, $a_1 = -k_{in}$ und den Tuning-Parametern r und a_4.

Die Tuning-Parameter stellen die notwendigen Freiheitsgrade dar, um die Nebenbedingungen

$$y_f^{*\prime}(z) \leq 0 \quad (23)$$

$$u_{min} \leq \tilde{u}(z) \leq u_{max} \quad (24)$$

erfüllen zu können. Durch Variation der Tuning-Parameter in einem definierten Bereich kann eine Schar von zulässigen Referenzverläufen bestimmt werden. Abb. 3 zeigt die zulässigen Kombinationen der Tuning-Parameter und die dazugehörigen Stellgrößenverläufe für den s-förmigen Verlauf bei dem zulässigen Parameterraum $a_4 \in [0.05,\, 0.7]$ m und $r \in [0,\, 0.01]$ mol/l. Die Stellgröße wird auf einen Bereich von $270\, K \leq \tilde{u} \leq 1100\, K$ begrenzt, welcher allerdings den real möglichen Bereich überschreitet, um zu verhindern das einzelne Stellgrößenspitzen zulässige Referenzprofile ausblenden. Der ermittelte theoretische Stellgrößenverlauf wird anschließend durch die realen Stellglieder approximiert, wodurch diese Spitzenwerte in der Regel ausgeblendet werden. In Abb. 4 sind die mit den Stellgrößenverläufen aus Abb. 3(b) erzeugten Verläufe der Stoffkonzentration x_1 und der Reaktortemperatur x_2 dargestellt. Die Ergebnisse für das Polynom 4. Grades sind in Abb. 5 und 6 dargestellt. Die Parameterbereiche wurden zu $a_4 \in [-0.5,\, 0.5]$ mol/(l m^4) und $r \in [0,\, 0.01]$ mol/l gewählt. Für den Fall eines zulässigen Bereichs der Reaktorausgangstemperatur von $x_{2,out} \in [330,\, 350]$ K ist in Abb. 7 eine Auswahl der möglichen polynomialen Referenzprofile 4. Grades dargestellt.

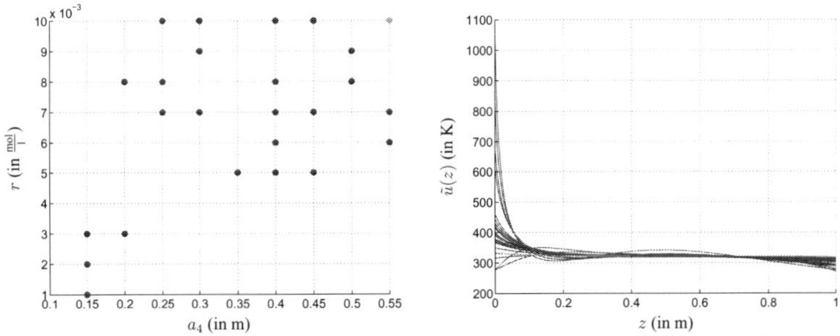

(a) Zulässige Werte für a_4 und r (b) Schar an Stellgrößenverläufen

Abbildung 3: Zulässige Werte der Tuning-Parameter und die dazugehörigen Stellgrößenverläufe zur Erzielung einer s-förmigen Konzentrationsabnahme unter Einhaltung der Bedingung $x_{2,out} = x_{2,in}$.

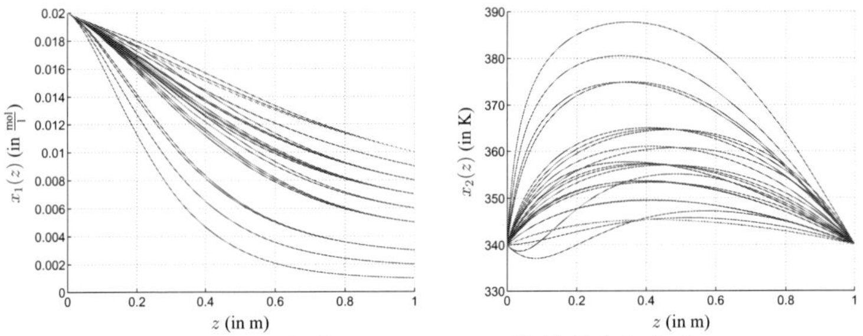

(a) Konzentrationsverläufe (b) Verläufe der Reaktortemperatur

Abbildung 4: Schar an Verläufen für die Konzentration und Reaktortemperatur entsprechend den zulässigen Parameterkombinationen aus Abb. 3(a).

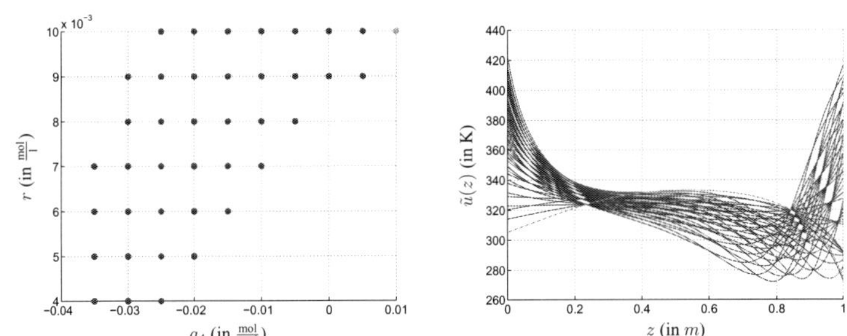

(a) Zulässige Werte für a_4 und r (b) Schar an Stellgrößenverläufen

Abbildung 5: Zulässige Werte der Tuning-Parameter und die dazugehörigen Stellgrößenverläufe zur Erzielung einer polynomialen Konzentrationsabnahme unter Einhaltung der Bedingung $x_{2,out} = x_{2,in}$.

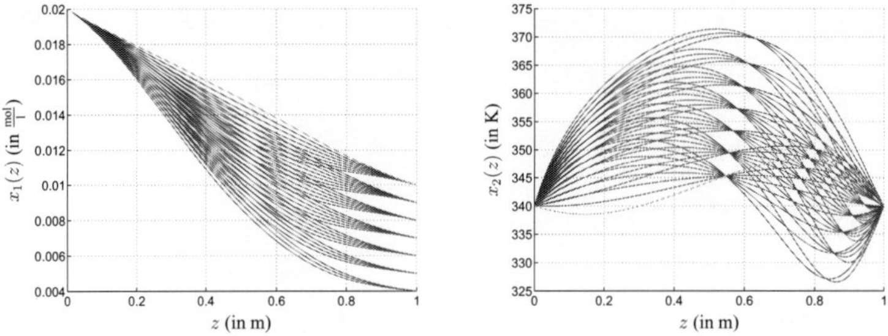

(a) Konzentrationsverläufe
(b) Verläufe der Reaktortemperatur

Abbildung 6: Schar an Verläufen für die Konzentration und Reaktortemperatur entsprechend den zulässigen Parameterkombinationen aus Abb. 5(a).

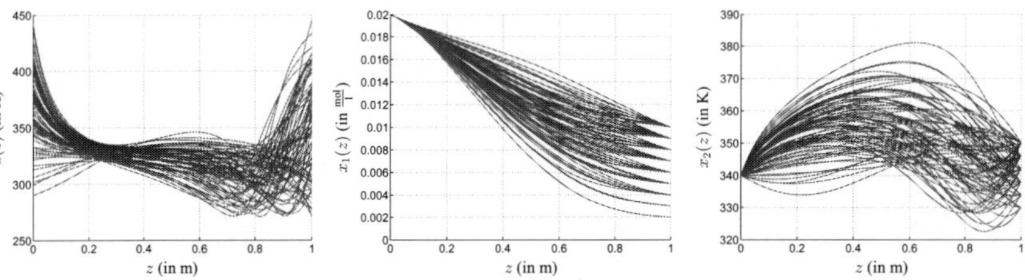

(a) Stellgrößenverlauf
(b) Konzentrationsverlauf
(c) Reaktortemperatur

Abbildung 7: Verläufe für die Stellgröße, Konzentration und Reaktortemperatur als Ergebnis des Entwurfs einer polynomialen Konzentrationsabnahme unter Begrenzung der Ausgangstemperatur auf einen definierten Bereich: $|x_{2,out} - x_{2,in}| \leq 10\,K$.

Das Vorgehen zur Bestimmung zulässiger Referenzprofile kann somit wie folgt zusammengefasst werden:

1. Auswahl einer geeigneten Ansatzfunktion für das Referenzprofil mit ausreichend Freiheitsgraden.

2. Identifikation möglicher Tuning-Parameter.

3. Aufstellen des Gleichungssystems zur Bestimmung der Parameter des Referenzprofils.

4. Festlegung der zulässigen Bereiche der Tuning-Parameter.

5. Lösen des Gleichungssystems unter Berücksichtigung der Nebenbedingungen für die definierten Parameterbereiche.

Die auf diese Weise ermittelte Stellgröße kann allerdings durch die realen Stellglieder nicht realisiert werden. Aus diesem Grund ist der Stellgrößenverlauf geeignet zu approximieren, was im nächsten Abschnitt gezeigt wird.

6 Approximation der Stellgröße

Wie aus Abb. 2 in Abschnitt 3 erkennbar ist, verfügt der betrachtete Rohrreaktor über eine zunächst noch unbestimmte Anzahl an Heizzonen entlang der Ortskoordinate z. Die Ausdehnung der Heizzonen sei ebenfalls noch nicht festgelegt. Der Stellgrößenverlauf entlang des Prozesses kann, wie bereits erläutet, durch Heaviside-Funktionen beschrieben werden (s. Gl.(19)). Der mit flachheitsbasierten Methoden bestimmte Stellgrößenverlauf ist demnach durch eine Stufenfunktion zu approximieren. Der ermittelte stufenförmige Stellgrößenverlauf bestimmt die Anzahl und Ausdehnung der Stellglieder und kann somit auch als Konstruktionsvorschrift für den Rohrreaktor interpretiert werden. Die Stufenfunktion kann allerdings auch durch ausreichend viele Stellglieder mit geringerer Ausdehnung realisiert werden. Die Temperatur der Heizzonen wird durch Mittelwertbildung der idealen Stellgröße in dem Bereich der Heizzonen ermittelt:

$$u_i = \frac{1}{z_i - z_{i-1}} \int_{z_{i-1}}^{z_i} \tilde{u}(z)\, dz \quad i = 1..m \tag{25}$$

Eine sinnvolle Anzahl an Stellgliedern zur Approximation des idealen Stellgrößenverlaufs kann oft schon allein durch Betrachtung dessen Verlaufs bestimmt werden, wie dies auch in diesem Artikel der Fall ist. Zur Ermittlung der Ausdehnung der Stellglieder wird ein Optimierungsalgorithmus herangezogen, für welchen eine geeignete Gütefunktion $J(y_f^*(z),\, y_{ist}(z))$ zu definieren ist. In jedem Optimierungsschritt ist zur Auswertung der Gütefunktion der Verlauf der Konzentrationsabnahme $y_{ist}(z)$ zu ermitteln. Dies erfolgt durch Bestimmung der Lösung des DGL-Systems (18) mit dem realen Stellgrößenverlauf $u(z)$, welcher mit Gl. (25) entsprechend der aktuell vom Optimierungsalgorithmus bestimmten Verteilung der Orte z_i ermittelt wird. In diesem Artikel wird als Gütefunktion die Standardabweichung der Differenz $y_f^*(z) - y_{ist}(z)$ und zur Optimierung ein genetischer Algorithmus herangezogen. Abb. 8 zeigt das Ergebnis der Approximation des Stellgrößenverlaufs zur Erzeugung eines ausgewählten polynomialen Referenzprofils aus Abb. 7 mit drei Heizzonen und das damit erreichte Steuerungsergebnis. Wie der Abbildung zu entnehmen ist, kann die gewünschte Trajektorie sehr gut erreicht werden.

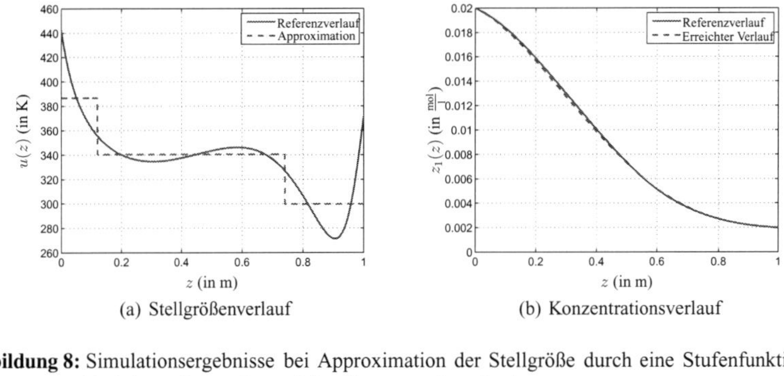

(a) Stellgrößenverlauf

(b) Konzentrationsverlauf

Abbildung 8: Simulationsergebnisse bei Approximation der Stellgröße durch eine Stufenfunktion zur Erzielung einer polynomialen Konzentrationsabnahme.

7 Zusammenfassung

In diesem Artikel wurde ein flachheitsbasierter Steuerungsentwurf für Rohrreaktoren, welche sich durch ein System von hyperbolischen PDGLn 1. Ordnung beschreiben lassen, vorgestellt. Für diese Klasse von Systemen ist die Approximation durch ein finit-dimensionales System ungünstig und würde auch den Entwurf einer Profilsteuerung erschweren. Im Gegensatz dazu liefert die Methode der Charakteristiken die exakte Lösung des PDGL-Systems und ermöglicht den Steuerungsentwurf anhand eines Systems von gewöhnlichen DGLn, welche den Verlauf der Zustandsvariablen entlang des Prozesses beschreiben. Damit können auch komplexe Steuerungsaufgaben strukturiert gelöst und prozessbedingte Randbedingungen, sowie weitere Zielgrößen relativ einfach berücksichtigt werden. Dabei sind im Vergleich zu einem ausschließlich auf einem Optimierungsverfahren basierenden Entwurf keine, unter Umständen sehr komplexen Gütefunktionale zu bestimmen. Die vorgestellte Methode eignet sich auch sehr gut als Analysewerkzeug während des Entwurfsprozesses des Reaktors und unterstützt die Auswahl geeigneter Referenzprofile. Wie gezeigt wurde, kann durch geschickte Aufteilung der Stellglieder entsprechend dem ermittelten Stellgrößenverlauf das Steuerungsziel sehr gut erreicht werden. Die Methode wurde anhand von zwei Referenzverläufen an einem Rohrreaktor verifiziert. Der Steuerungsentwurf kann auch auf den Fall variabler Geschwindigkeit erweitert werden, da der Entwurf entlang der charakteristischen Kurve erfolgt. Die Anzahl der Stellglieder wurde bisher durch Analyse des Verlaufs der idealen Stellgröße bestimmt. Dies soll in Folge zusammen mit der Ermittlung der Ausdehnung der Stellglieder durch Optimierung erfolgen.

Literatur

[1] BITZER, M. ; ZEITZ, M.: Design of a nonlinear distributed parameter observer for a pressure swing adsorption plant. In: *Journal of Process Control* 12 (2002), S. 533–543

[2] CHRISTOFIDES, P. D.: Robust control of parabolic PDE systems. In: *Chemical Engineering Science* 53 (1998), S. 2949–2965

[3] CHRISTOFIDES, P. D.: *Nonlinear and Robust Control of Partial Differential Equation Systems: Methods and Applications to Transport-Reaction Processes*. Birkhäuser, Bosten, 2001

[4] CHRISTOFIDES, P. D. ; DAOUTIDIS, P.: Feedback control of hyperbolic PDE systems. In: *AIChE Journal* 42 (1996), Nr. 11, S. 3063–3086

[5] COURANT, R. ; HILBERT, D.: *Methoden der mathematischen Physik II*. 1968

[6] DEUTSCHER, J. ; HARKORT, C.: Vollständige Modale Synthese eines Wärmeleiters. In: *at - Automatisierungstechnik* 56 (2008), S. 539–548

[7] DOCHAIN, D.: State observers for tubular reactors with unknown kinetics. In: *Journal of Process Control* 10 (2000), S. 259–268

[8] GILLES, E. D.: Dynamik und Regelung chemischer Rohrreaktoren. In: *Messen Steuern Regeln* 9 (1966), S. 158–166

[9] GILLES, E. D.: *Systeme mit verteilten Parametern - Einführung in die Regelungstheorie*. Oldenbourg Verlag, 1973

[10] JOSHI, S. M.: *Control of Large Flexible Space Structures*. Lecture Notes in Control and Information Sciences 131, Springer Verlag, 1988

[11] KHARITONOV, A.: *Flachheitsbasierte Steuerungs- und Regelungsstrategien für Systeme mit verteilten Parametern bei Wärme- und Stoffübertragungsprozessen*, Universität Stuttgart, Shaker Verlag, Diss., 2007

[12] KNABNER, P. ; ANGERMANN, L.: *Numerik partieller Differentialgleichungen - Eine andwendungsorientierte Einführung*. Springer, 2000

[13] LYNCH, A. F. ; RUDOLPH, J.: Flatness-based boundary control of a class of quasilinear parabolic distributed parameter systems. In: *Int. J. Control* 75 (2002), S. 1219–1230

[14] MEURER, T. ; ZEITZ, M.: Flachheitsbasierte Steuerung und Regelung eines Wärmeleitungssystems. In: *at - Automatisierungstechnik* 52 (2004), S. 411 – 420

[15] MEURER, T. ; ZEITZ, M.: A modal approach to flatness-based control of flexible structures. In: *PAMM: Proc. Appl. Math. Mech.*, 2004

[16] MEURER, T. ; ZEITZ, M.: Flatness-Based Tracking Control for Parabolic Distributed-Parameter Systems with Boundary Input. In: *at - Automatisierungstechnik* 54 (2006), S. 372 – 384

[17] POLIFKE, W. ; KOITZ, J.: *Wärmeübertragung - Grundlagen, analytische und numerische Methoden*. Person Studium, 2005

[18] RAY, W. H.: *Advanced Process Control*. McGraw-Hill, New York, 1981

[19] RUDOLPH, J.: Randsteuerung von Wärmetauschern mit örtlich verteilten Parametern: Ein flachheitsbasierter Zugang. In: *at - Automatisierungstechnik* 48 (2000), S. 399 – 406

[20] RUTHVEN, D.M. ; SIRCAR, S.: Design of membrane and PSA processes for bulk gas separation. In: *Proceedings of the 4th International Conference on the Foundations of Computer-Aided Process Design*, 1994

[21] SMETS, I.Y. ; DOCHAIN, D. ; IMPE, J.F. V.: Optimal Temperature Control of a Steady-State Exothermic Plug-Flow Reactor. In: *AIChE Journal* 48 (2002), Nr. 2, S. 279–286

[22] STANGELAND, B. E. ; FOSS, A. S.: Control of a Fixed-Bed Chemical Reactor. In: *Ind. Eng. Chem. Fundamen.* 9 (1970), Nr. 1, S. 38–48

[23] STRIKWERDA, J. C.: *Finite Difference Schemes and Partial Differential Equations*. SIAM, 2004

[24] WINKIN, J. ; DOCHAIN, D. ; LIGARIUS, Ph.: Dynamical analysis of distributed parameter tubular reactors. In: *Automatica* 36 (2000), S. 349–361

[25] WINKLER, F. J. ; LOHMANN, B.: Flachheitsbasierte Steuerung und Beobachtung von Transportprozessen mit verteiltem Eingriff. In: *eingereicht bei at - Automatisierungstechnik* (2009)

Velocity-Based Design für die Regelung von aktiven Radaufhängungen

Michael Herrnberger
Lehrstuhl für Regelungstechnik, Technische Universität München
Boltzmannstr. 15, 85748 Garching (bei München)

Die vorliegende Arbeit gibt eine Einführung in die Möglichkeiten, die sich durch den Einsatz des Velocity-Based Design in der aktiven Schwingungsdämpfung von Radaufhängungen ergeben. In diesem Zusammenhang wird zuerst ein ausführlicher Überblick über das Velocity-Based Design gegeben, da dieses eine noch junge und eher unbekannte, systematische Vorgehensweise für Modellbildung, Reglerauslegung und Stabilitätsanalyse darstellt. Zu beachten ist, dass das Velocity-Based Design keine expliziten Forderungen an die Wahl des Regelgesetzes selbst stellt, sondern als Auslegungs- bzw. Analyseplattform dient, mit deren Hilfe konventionelle Methoden auch auf nichtlineare und parametervariante Systeme übertragbar sind. Es wird gezeigt, wie durch das Velocity-Based Design ein beliebiges nichtlineares System durch eine Familie lokal linearisierter Teilsysteme dargestellt werden kann, für welche mit konventionellen linearen Methoden Regler ausgelegt und Stabilitätsanalysen durchgeführt werden können. Am Ende werden die Anwendungen des Velocity-Based Design auf die Regelung aktiver Radaufhängungen anhand zweier einfacher Prinzipbeispiele diskutiert.

1 Einleitung

1.1 Lineare Aktive Regelgesetze

Im Gebiet der aktiven Schwingungsdämpfung von Radaufhängungen sind in den vergangenen Jahrzehnten zunehmend mehr Veröffentlichungen erschienen, die sich mit der Konfiguration und Regelung selbiger Systeme befassen. Im Vordergrund steht dabei meist ein lineares zeitinvariantes Viertelfahrzeugmodell (siehe Abbildung 1), das durch aktive Komponenten ergänzt und für das mit Hilfe von linearen, zeitinvarianten Methoden ein Regelgesetz entworfen werden soll. Dieses Vorgehen minimiert den Entwicklungsaufwand für den Regler, da es den direkten Einsatz bekannter, konventioneller Regelungsmethoden ermöglicht, und erzielt dabei in vielen Fällen auch qualitativ gute Ergebnisse.
Ein Beispiel hierfür ist der Einbau eines vollaktiven Stellglieds (z.B. hydraulischer oder Linearmotor) in die Radaufhängung, für das ein zeitinvarianter, linearer Regler ausgelegt wird. Ein solches idealisiertes, vollaktives Viertelfahrzeug ist in Abbildung 1 dargestellt. Gern verwendete Regelgesetze sind proportionale Rückführungen der vertikalen Chassis- und Radpositionen sowie deren erste und zweite Ableitungen. Auch komplexere Reglerentwürfe, wie z.B. LQR- oder H_∞-Ansätze, werden immer häufiger implementiert, da die Unterstützung durch moderne Software-Tools den Entwurfsaufwand in Grenzen hält.

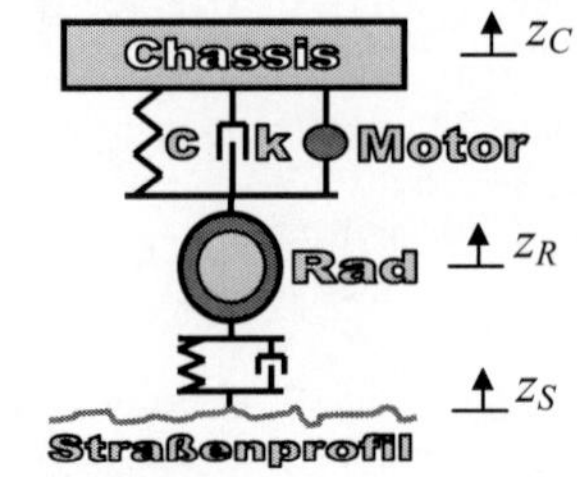

Abbildung 1: Lineares Viertelfahrzeugmodell mit Linearmotor

1.2 Nichtlineare semiaktive Regelgesetze

Während bei vollaktiven Stellgliedern meist lineare Regelgesetze gewählt werden, so kommen bei semiaktiven Elementen, wie z.B. Verstelldämpfern, in der Regel nichtlineare Stellgesetze zum Einsatz. Bekannte Beispiele hierfür sind Skyhook Control und Relative Motion Control (siehe [9] und [10]). Die Wahl dieser Regelgesetze erfolgt aber meist nicht durch ein echtes nichtlineares Entwurfsverfahren, sondern anhand des Ingenieurswissens über das System. Des Weiteren garantieren diese Regelgesetze meist automatisch Stabilität, so dass kein gesonderter Stabilitätsnachweis des Gesamtsystems notwendig ist. Am Beispiel der Skyhook-Regelung in Abbildung 2 soll dies im Folgenden kurz veranschaulicht werden.
Während die Skyhook-Regelung die Idee verfolgt, dass Chassis- oder Radmasse mit geeigneten Dämpfkonstanten k_C bzw. k_R gegen ein Inertialsystem gedämpft werden sollten, steht in Wirklichkeit nur ein Dämpfelement zwischen Chassis und Rad zur Verfügung, dessen Dämpfkonstante aber veränderlich ist. Mit Hilfe einer entsprechenden Wahl der Dämpfkonstante kann, in gewissen Grenzen, eine Dämpfkraft aufgebracht werden, die auch auftreten würde, wenn z.B. das Chassis tatsächlich inertial gedämpft würde.

$$k(\boldsymbol{x}) = \begin{cases} k_{\min} & \text{wenn} \quad \dfrac{k_C \dot{z}_C}{\dot{z}_C - \dot{z}_R} < k_{\min} \\ \tilde{k}(\boldsymbol{x}) = \dfrac{k_C \dot{z}_C}{\dot{z}_C - \dot{z}_R} & \text{wenn} \quad k_{\min} \le \dfrac{k_C \dot{z}_C}{\dot{z}_C - \dot{z}_R} \le k_{\max} \\ k_{\max} & \text{wenn} \quad \dfrac{k_C \dot{z}_C}{\dot{z}_C - \dot{z}_R} > k_{\max} \end{cases} \tag{1}$$

Durch die Begrenzungen der Dämpfkonstante $k(\mathbf{x})$ ist eine Approximation der inertialen Chassisdämpfung nur über einen gewissen Bereich möglich. Zudem wirkt die Dämpfkraft im Skyhook-Fall, im Gegensatz zum inertialen Fall, auch direkt auf die Radmasse, wodurch dort eine Verschlechterung des Schwingungsverhaltens auftreten kann. Dennoch ist diese Form der Skyhook-Regelung hilfreich, wenn die auftretenden Chassisschwingungen verringert und damit der Fahrkomfort verbessert werden soll. Hinsichtlich der Stabilität des Systems bleibt anzumerken, dass die Wahl von $k(\mathbf{x})$ nichtlinear erfolgt und damit a priori die Stabilität der zugehörigen internen Dynamik des Systems nicht gewährleistet ist. Da die Dämpfkonstante aber nie negativ werden kann und somit stets Energie aus der Relativbewegung der beiden Massen herauszieht, ist gewährleistet, das der semiaktive Dämpfer das System unabhängig vom Verlauf von $k(\mathbf{x})$ stets stabilisiert, was letztendlich aufgrund von (1) auch zu einem stabilen Verlauf von $k(\mathbf{x})$ führt.

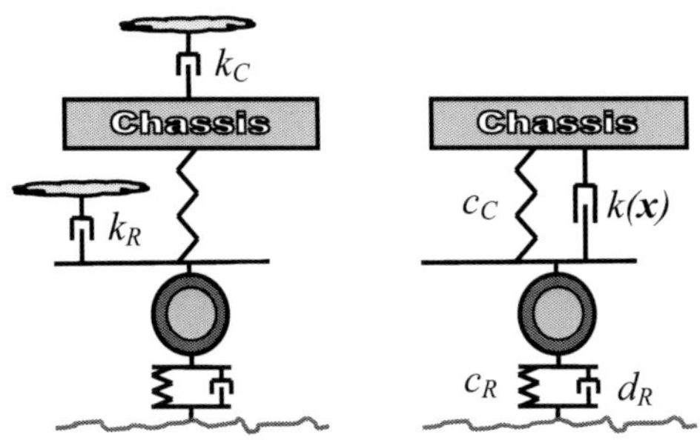

Abbildung 2: Idee und Realisierung der Skyhook-Regelung

1.3 Quasi-LPV Gain Scheduling mit einer gemeinsamen Lyapunov-Funktion

Seit einigen Jahren wird zur Regelung von aktiven Radaufhängungen auch häufiger das so genannte LPV Gain Scheduling (siehe z.B. [1] und [4]) verwendet. Die Idee dahinter ist, dass das zu regelnde System und der Regler in eine lineare parametervariante (LPV-)Form gebracht werden; d.h., das System kann in einer linearen Zustandsraumdarstellung angeschrieben werden, wobei aber die Koeffizienten der Zustandsraummatrizen von einer so genannten Scheduling-Variable abhängen. Da sich der Wert der Scheduling-Variable über die Zeit ändern kann, wird das Zustandsraummodell zeitvariant. Falls die Scheduling-Variable zudem eine Funktion der Systemzustände ist, liegt in Wahrheit also eine versteckte, nichtlineare Rückführung der Zustände vor. Man spricht dann von einer Quasi-LPV-Form des Systems.

Beim Quasi-LPV Gain Scheduling wird nun für verschiedene Arbeitspunkte, sprich, für konstante Werte der Scheduling-Variable für das resultierende quasi-lineare System je ein linearer Regler entworfen. Durch eine geeignete Interpolation zwischen den entworfenen Reglern kann ein Regelgesetz für den gesamten Arbeitspunktbereich erstellt werden. Dennoch ist die Stabilität des geregelten Systems aufgrund der vernachlässigten Dynamik der versteckten nichtlinearen Zustandsrückführung nicht mehr automatisch gewährleistet, auch wenn das System für jeden konstant gehaltenen Wert der Scheduling-Variable stabil ist.

Deshalb wird im Rahmen des Quasi-LPV Gain Scheduling oft versucht, eine gemeinsame Lyapunov-Funktion für alle Teilregler zu finden, die ein Abklingen der Zustände in jedem Fall garantiert. Solch ein Vorgehen ist z.B. in [1] beschrieben. Probleme können bei diesem Verfahren dadurch entstehen, stets eine solche Lyapunov-Funktion zu finden und das System in eine geeignete Quasi-LPV-Form zu bringen.

1.4 Idee des Velocity-Based Design

Als Alternative zum LPV-Reglerentwurf aus [1] soll in dieser Arbeit die Methodik des Velocity-Based Design (VBD) vorgestellt werden, das 1998 von D.J. Leith und W.E. Leithead in [2] eingeführt wurde. Genau betrachtet handelt es sich dabei um keine konkurrierende Alternative, sondern in erster Linie um ein generalisiertes Linearisierungsverfahren, mit dem beliebige nichtlineare Systeme stets in eine Quasi-LPV-Form gebracht werden können und welches im Rahmen der Linearisierung auch die Dynamik des Systems weit abseits von Gleichgewichts-Arbeitspunkten approximieren kann.

Wird das VBD auf ein nichtlineares System angewandt, so ergibt sich eine Familie linearisierter Systeme, die so genannte Velocity-Based Linearization Family (VBL-Familie), welche die Dynamik des nichtlinearen Systems über den gesamten Zustandsraum theoretisch beliebig genau approximieren kann. Die VBL-Familie wird dabei durch eine implizite Scheduling-Variable parametrisiert, welche von den Systemzuständen und von externen Eingängen abhängig sein kann. Für die einzelnen Mitglieder dieser Familie quasi-linearer Systeme kann nun wieder durch Gain Scheduling je ein Regler entworfen werden, wobei hier klassische lineare Methoden zur Anwendung kommen können.

Zwar ist auch hier nicht automatisch Stabilität gewährleistet, aber im Gegensatz zum klassischen Gain Scheduling sind die Restriktionen an die Änderungsrate der Scheduling-Variable bzw. an die Änderungsraten der Zustände und Eingänge viel schwächer, da die VBL die Dynamik des Systems auch weit entfernt von Gleichgewichts-Arbeitspunkten erfasst. Das klassische Gain Scheduling hingegen ist meist nur in der Nähe der Gleichgewichts-Arbeitspunkte (bzw. nahe einer nominellen Trajektorie) gültig und erlaubt nur langsame Übergänge zwischen diesen. Das VBD ist daher nicht nur ein systematisches Verfahren zur Herstellung einer Quasi-LPV-Form beliebiger nichtlinearer Systeme, sondern die damit zusammenhängende Linearisierung erfolgt dabei auch in bestmöglicher Weise (hinsichtlich der Approximation der nichtlinearen Systemdynamik).

Die Nachweis der Stabilität des durch VBD ausgelegten Regelkreises kann entweder auch durch Auffinden einer gemeinsamen Lyapunov-Funktion für alle Regler erfolgen, oder durch Untersuchungen innerhalb der VBD-Darstellung selbst. Letzteres ist meist mit einer Begrenzung der Änderungsraten der Anfangszustände und Eingangssignale verbunden, wobei diese Forderungen so wenig konservativ wie möglich sind. Die Stabilitätsanalyse kann unter Umständen relativ aufwändig sein, wobei aber in vielen Fällen ein simulativer bzw. experimenteller Nachweis ausreichen dürfte. Daneben ist es auch möglich, im Rahmen des VBD eine Eingangs-/Ausgangs-Linearisierung mittels linearer Methoden durchzuführen, was automatisch Stabilität des Regelkreises garantiert. Neben der Auslegung von Reglern bietet sich das VBD natürlich in analoger Weise auch für die Analyse bestehender nichtlinearer Regelkreise bzw. solcher in Quasi-LPV-Form an.

Im Bereich der aktiven Radaufhängungen kann das VBD insbesondere dann hilfreich sein, wenn ein nichtlineares System vorliegt bzw. wenn Gain-Scheduling in Abhängigkeit der Systemzustände durchgeführt werden soll. Es soll dabei klar betont werden, dass in vielen Fällen aber auch die klassischen linearen Methoden zur Regelung solcher Systeme genügen, welche mit weniger Aufwand entworfen werden können und oft auch gute Ergebnisse liefern. Wenn aber z.B. größere Nichtlinearitäten im System vorliegen, insbesondere wenn komplexe nichtlineare Stellgesetze für semiaktive und aktive Elemente implementiert werden sollen, die

stark von den Zuständen weit abseits des Gleichgewichts-Arbeitspunktes abhängen oder schaltend sind, dann kann das VBD ein hervorragender Ansatz sein.
Im folgenden Kapitel 2 soll zunächst der Formalismus der Velocity-Based Linearization aufgezeigt und anhand eines einfachen Beispiels untersucht werden. Danach wird in Kapitel 3 auf die Möglichkeit der Reglerauslegung durch das VBD eingegangen. Abschließend werden in Kapitel 4 erste Anwendungsmöglichkeiten des VBD im Bereich aktiver Radaufhängungen diskutiert und anhand eines Prinzipbeispiel sowie eines Beispiels zur Skyhook-Regelung eines Viertelfahrzeugs veranschaulicht, während Kapitel 5 eine Zusammenfassung der Arbeit bietet.

2 Velocity-Based Linearization

Die Velocity-Based Linearization (VBL) kann als Erweiterung der klassischen Linearisierung angesehen werden. Die Gemeinsamkeiten und Unterschiede zu dieser sollen in den folgenden Abschnitten erläutert werden. Die Herleitung und Erklärung der Ideen zur VBL sind in [2] zu finden.

2.1 Linearisierung durch Taylorreihen-Entwicklung im Gleichgewichts-Arbeitspunkt

Gegeben sei ein nichtlineares System der Form

$$\begin{aligned} \dot{\boldsymbol{x}} &= \mathrm{F}(\boldsymbol{x},\boldsymbol{r}) , \\ \boldsymbol{y} &= \mathrm{G}(\boldsymbol{x},\boldsymbol{r}) , \end{aligned} \tag{2}$$

wobei die Zustände $\boldsymbol{x}$ und Eingänge $\boldsymbol{r}$ den Raum $\Phi = \Re^n \times \Re^m$ aufspannen und die ersten Ableitungen von F und G lipschitzstetig sind. Ein Gleichgewichts-Arbeitspunkt sei definiert über

$$\begin{aligned} \mathrm{F}(\boldsymbol{x}_0,\boldsymbol{r}_0) &= 0 , \\ \mathrm{G}(\boldsymbol{x}_0,\boldsymbol{r}_0) &= \boldsymbol{y}_0 , \end{aligned} \tag{3}$$

alle anderen Punkte mit bestimmten $\boldsymbol{x}_1$ und Eingängen $\boldsymbol{r}_1$ innerhalb von Φ seien als allgemeine Arbeitspunkte bezeichnet. In der klassischen Linearisierung wird nun um einen Gleichgewichts-Arbeitspunkt eine Taylorreihe 1. Ordnung gebildet, wodurch das dynamische Verhalten des nichtlinearen Systems lokal um diesen Punkt herum durch ein lineares System approximiert wird. Abbildung 3 veranschaulicht die Approximation für $\boldsymbol{r} = 0$.

$$\begin{aligned} &\delta\dot{\hat{\boldsymbol{x}}} = \nabla_x \mathrm{F}(\boldsymbol{x}_0,\boldsymbol{r}_0)\,\delta\hat{\boldsymbol{x}} + \nabla_r \mathrm{F}(\boldsymbol{x}_0,\boldsymbol{r}_0)\,\delta\boldsymbol{r} \\ &\delta\hat{\boldsymbol{y}} = \nabla_x \mathrm{G}(\boldsymbol{x}_0,\boldsymbol{r}_0)\,\delta\hat{\boldsymbol{x}} + \nabla_r \mathrm{G}(\boldsymbol{x}_0,\boldsymbol{r}_0)\,\delta\boldsymbol{r} \\ &\delta\boldsymbol{r} = \boldsymbol{r} - \boldsymbol{r}_0 , \quad \delta\hat{\boldsymbol{x}} = \hat{\boldsymbol{x}} - \hat{\boldsymbol{x}}_0 , \quad \delta\hat{\boldsymbol{y}} = \hat{\boldsymbol{y}} - \hat{\boldsymbol{y}}_0 , \quad \delta\dot{\hat{\boldsymbol{x}}} = \dot{\hat{\boldsymbol{x}}} \end{aligned} \tag{4}$$

Wie in Abbildung 3 zu erkennen ist, stellt die Linearisierung im Arbeitspunkt nur in diesem eine gute Approximation des Systems dar, für beliebige Arbeitspunkte wird durch die Approximation weder die erste Ableitung $\dot{\boldsymbol{x}}$ noch die zweite Ableitung $\ddot{\boldsymbol{x}}$ (entspricht der Tangente in diesem Punkt) richtig wiedergegeben und die Systemdynamik kann daher dort nicht mehr nachgebildet werden. Allerdings ist die Stabilität des linearisierten Systems dennoch von Bedeutung, da sie eine notwendige Voraussetzung für die lokale Stabilität des nichtlinearen Systems im Gleichgewichts-Arbeitspunkt darstellt.

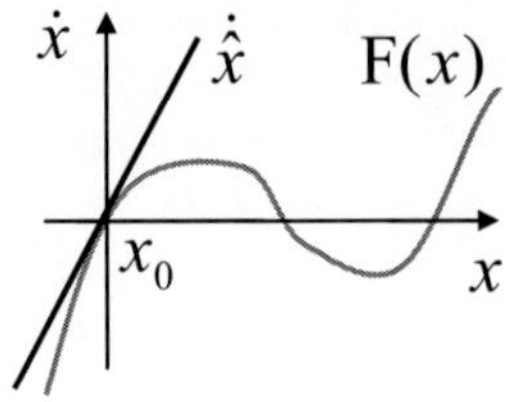

Abbildung 3: Taylorreihen-Näherung im Gleichgewichts-Arbeitspunkt

2.2 Linearisierung durch Taylorreihen-Entwicklung in einem beliebigen Arbeitspunkt

Eine bessere eingangsaffine Approximation der Systemdynamik in allgemeinen Arbeitspunkten bietet die Taylorreihen-Entwicklung um genau diesen Punkt herum.

$$\begin{aligned}
\delta\dot{\hat{\boldsymbol{x}}} &= \mathrm{F}(\boldsymbol{x}_1,\boldsymbol{r}_1) + \nabla_x \mathrm{F}(\boldsymbol{x}_1,\boldsymbol{r}_1)\,\delta\hat{\boldsymbol{x}} + \nabla_r \mathrm{F}(\boldsymbol{x}_1,\boldsymbol{r}_1)\,\delta\boldsymbol{r} \\
\delta\hat{\boldsymbol{y}} &= \mathrm{G}(\boldsymbol{x}_1,\boldsymbol{r}_1) + \nabla_x \mathrm{G}(\boldsymbol{x}_1,\boldsymbol{r}_1)\,\delta\hat{\boldsymbol{x}} + \nabla_r \mathrm{G}(\boldsymbol{x}_1,\boldsymbol{r}_1)\,\delta\boldsymbol{r} \\
\delta\boldsymbol{r} &= \boldsymbol{r}-\boldsymbol{r}_1,\quad \delta\hat{\boldsymbol{x}} = \hat{\boldsymbol{x}}-\hat{\boldsymbol{x}}_1,\quad \delta\hat{\boldsymbol{y}} = \hat{\boldsymbol{y}}-\hat{\boldsymbol{y}}_1,\quad \delta\dot{\hat{\boldsymbol{x}}} = \dot{\hat{\boldsymbol{x}}}
\end{aligned} \tag{5}$$

Wie Abbildung 4 zeigt, liegt die Approximation von $\dot{\boldsymbol{x}}$ im Punkt $(\boldsymbol{x}_1,\boldsymbol{r}_1)$ tangential an das nichtlineare System an und stellt somit eine Approximation 2. Ordnung von $\boldsymbol{x}$ in diesem Arbeitspunkt dar.

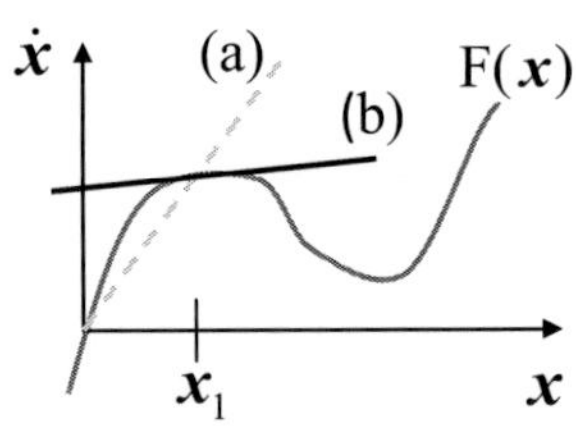

Abbildung 4: Linearisierung im Gleichgewichts- (a) und im aktuellen (b) Arbeitspunkt

In (5) sind die Zustandsvariablen noch auf den Arbeitspunkt selbst bezogen, in allgemeingültigen Koordinaten lässt sich das System als

$$\begin{aligned}
\dot{\hat{\boldsymbol{x}}} &= \mathrm{F}(\boldsymbol{x}_1,\boldsymbol{r}_1) - \nabla_x \mathrm{F}(\boldsymbol{x}_1,\boldsymbol{r}_1)\hat{\boldsymbol{x}}_1 - \nabla_r \mathrm{F}(\boldsymbol{x}_1,\boldsymbol{r}_1)\boldsymbol{r}_1 + \nabla_x \mathrm{F}(\boldsymbol{x}_1,\boldsymbol{r}_1)\hat{\boldsymbol{x}} + \nabla_r \mathrm{F}(\boldsymbol{x}_1,\boldsymbol{r}_1)\boldsymbol{r} \\
\hat{\boldsymbol{y}} &= \mathrm{G}(\boldsymbol{x}_1,\boldsymbol{r}_1) - \nabla_x \mathrm{G}(\boldsymbol{x}_1,\boldsymbol{r}_1)\hat{\boldsymbol{x}}_1 - \nabla_r \mathrm{G}(\boldsymbol{x}_1,\boldsymbol{r}_1)\boldsymbol{r}_1 + \nabla_x \mathrm{G}(\boldsymbol{x}_1,\boldsymbol{r}_1)\hat{\boldsymbol{x}} + \nabla_r \mathrm{G}(\boldsymbol{x}_1,\boldsymbol{r}_1)\boldsymbol{r}
\end{aligned} \tag{6}$$

anschreiben. Trotz der guten Approximation hat das System in (6) den Nachteil, dass es nun einen nichtlinearen, konstanten Term enthält und deshalb keine klassischen linearen Methoden mehr darauf angewandt werden können.

2.3 Velocity-Based Linearization in einem beliebigen Arbeitspunkt

Dies Problem der Nichtlinearität lässt sich lösen, indem man (6) nach der Zeit ableitet.

$$\begin{aligned} \hat{\boldsymbol{w}} &= \dot{\hat{\boldsymbol{x}}} \\ \dot{\hat{\boldsymbol{w}}} &= \nabla_x \mathrm{F}(\boldsymbol{x}_1, \boldsymbol{r}_1)\hat{\boldsymbol{w}} + \nabla_r \mathrm{F}(\boldsymbol{x}_1, \boldsymbol{r}_1)\dot{\boldsymbol{r}} \\ \dot{\hat{\boldsymbol{y}}} &= \nabla_x \mathrm{G}(\boldsymbol{x}_1, \boldsymbol{r}_1)\hat{\boldsymbol{w}} + \nabla_r \mathrm{G}(\boldsymbol{x}_1, \boldsymbol{r}_1)\dot{\boldsymbol{r}} \end{aligned} \tag{7}$$

Werden in (7) die Anfangsbedingungen so gewählt, dass

$$\begin{aligned} \boldsymbol{x}_1 &= \boldsymbol{x}(t_1) = \hat{\boldsymbol{x}}(t_1), \\ \hat{\boldsymbol{w}}(t_1) &= \dot{\hat{\boldsymbol{x}}}(t_1) = \dot{\boldsymbol{x}}(t_1) = \mathrm{F}(\boldsymbol{x}_1, \boldsymbol{r}_1), \\ \hat{\boldsymbol{y}}(t_1) &= \boldsymbol{y}(t_1) = \mathrm{G}(\boldsymbol{x}_1, \boldsymbol{r}_1), \end{aligned} \tag{8}$$

so ist das System in (7) äquivalent zu dem in (6), weist aber nun komplett lineares Verhalten auf. In Abbildung 5 wird dies in analoger Weise zu den vorigen Abbildungen illustriert.

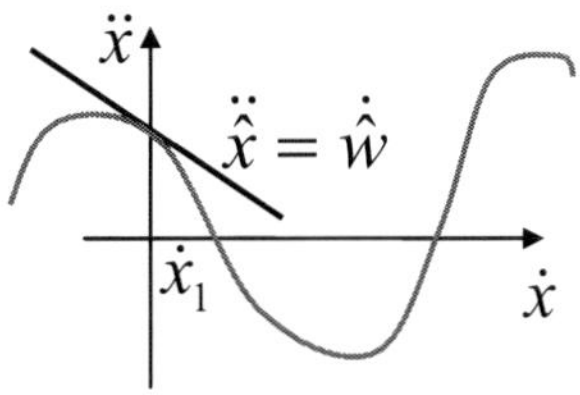

Abbildung 5: Velocity-Based Linearization im aktuellen Arbeitspunkt

Das gesamte nichtlineare System (2) lässt sich über den Raum $\boldsymbol{\Phi}$ durch Zusammensetzen der stückweisen Approximationen (7) mit den jeweiligen Anfangsbedingungen (8) beschreiben. Die Menge aller durch die VBL erzeugten linearen Systeme bezeichnet man als VBL-Familie. Die Verwandtschaft zur nichtlinearen Dynamik lässt sich sofort erkennen, wenn das System aus (2) zuerst nach den Zuständen und Eingängen und dann nach der Zeit abgeleitet wird.

$$\begin{aligned} \boldsymbol{w} &= \dot{\boldsymbol{x}} \\ \dot{\boldsymbol{w}} &= \nabla_x \mathrm{F}(\boldsymbol{x}, \boldsymbol{r})\boldsymbol{w} + \nabla_r \mathrm{F}(\boldsymbol{x}, \boldsymbol{r})\dot{\boldsymbol{r}} \\ \dot{\boldsymbol{y}} &= \nabla_x \mathrm{G}(\boldsymbol{x}, \boldsymbol{r})\boldsymbol{w} + \nabla_r \mathrm{G}(\boldsymbol{x}, \boldsymbol{r})\dot{\boldsymbol{r}} \end{aligned} \tag{9}$$

Es zeigt sich, dass (7) einfach nur die Frozen-Time-Form von (9) ist, bei der die nichtlineare Dynamik also zum Zeitpunkt $t = t_1$ eingefroren wird. Falls $(\boldsymbol{x}_1, \boldsymbol{r}_1)$ einem Gleichgewichts-Arbeitspunkt $(\boldsymbol{x}_0, \boldsymbol{r}_0)$ entspricht, so sind die klassische Linearisierung und die VBL identisch. Die Stabilität der VBL in diesem Punkt ist daher auch eine notwendige Voraussetzung für die Stabilität des nichtlinearen Systems.
Weiterhin repräsentiert (7) auch eine Quasi-LPV-Form des nichtlinearen Systems (mit den variierenden Parametern $\boldsymbol{x}_1, \boldsymbol{r}_1$). Im Gegensatz zu anderen Ad-hoc-Verfahren zur Herstellung einer Quasi-LPV-Form führt die VBL stets zu einer solchen, die einen engen Bezug zur

Dynamik und Stabilität des nichtlinearen Systems hat (siehe [4]). Im Viertelfahrzeugbeispiel in Kapitel 4.3 wird dies auch zu sehen sein.

2.4 Beispiel zur stückweisen Approximation durch eine VBL-Familie

Folgendes theoretisches Beispiel soll die Fähigkeit der VBL-Familie, ein nichtlineares System zu approximieren, bildlich veranschaulichen. Gegeben sei das unangeregte, nichtlineare System

$$\begin{aligned} \dot{x} &= -x^2 , \\ x_0 &= x(t=0) = 3. \end{aligned} \tag{10}$$

Die klassische Linearisierung im Gleichgewichts-Arbeitspunkt ergibt

$$\dot{\hat{x}} = 0 \tag{11}$$

und ist somit gänzlich ungeeignet für eine Approximation der Systemdynamik. Die Linearisierung in einem beliebigen Arbeitspunkt hingegen ist

$$\dot{\hat{x}} = \hat{x}_1^2 - 2\hat{x}_1\hat{x} , \tag{12}$$

was durch Ableitung nach der Zeit zur VBL führt.

$$\begin{aligned} \dot{\hat{w}} &= -2\hat{x}_1\hat{w} \\ \hat{w}_1 &= \hat{w}(t_1) = -\hat{x}_1^2 \\ \hat{x}_0 &= x_0 = 3 \end{aligned} \tag{13}$$

Im Folgenden soll nun die VBL-Familie (13) simulativ für Zeiten $t \in [0;5]$ mit dem Originalsystem (10) verglichen werden, wobei jeweils nach einem Zeitintervall T der Arbeitspunkt x_1 neu gesetzt werden soll. Das Gesamtsystem wird also durch zeitlich-stückweise Approximationen nachgebildet. Anzumerken bleibt, dass zu Beginn jedes (k+1)-ten Zeitintervalls $\boldsymbol{x}(t_k) = \hat{\boldsymbol{x}}(t_k)$ gewählt muss, wobei diese Bedingung rein formal ist, da hier nicht mehr die Lösung des nichtlinearen Systems aus dem k-ten Intervall betrachtet wird, sondern ein neu initialisiertes nichtlineares System mit dem Anfangswert $\hat{\boldsymbol{x}}(t_k)$.
Die folgenden Abbildungen zeigen die Ergebnisse der Simulation für drei verschiedene Intervalllängen T = 0,1 s, T = 0,5 s und T = 3 s: Abbildung 6 stellt die Approximation des Verlaufs von x dar. Man sieht, dass sich für T = 0,1 s ein sehr runder Verlauf ergibt, der nahezu exakt mit dem wahren Verlauf übereinstimmt (der hier aus Gründen der Übersichtlichkeit nicht eingezeichnet wurde). Je größer das Zeitintervall wird, desto größer sind auch die Approximationsfehler, was auch in Abbildung 8 nochmals deutlich gezeigt wird. Dennoch erhält man bereits für T = 0,5 s eine brauchbare Näherung. Wenn die Länge des Zeitintervalls gegen Null geht, dann geht die VBL-Familie in das exakte nichtlineare System über. In Abbildung 7 ist zu sehen, dass die Approximation $\hat{w}$ der Ableitung von x natürlich nicht stetig ist, da zu Beginn jedes neuen Zeitintervalls der Anfangswert des Integrators von $\dot{w}$ auf w künstlich auf $-\hat{x}_1^2$ gesetzt wird, da sich das neue Intervall auf einen neuen Arbeitspunkt bezieht.

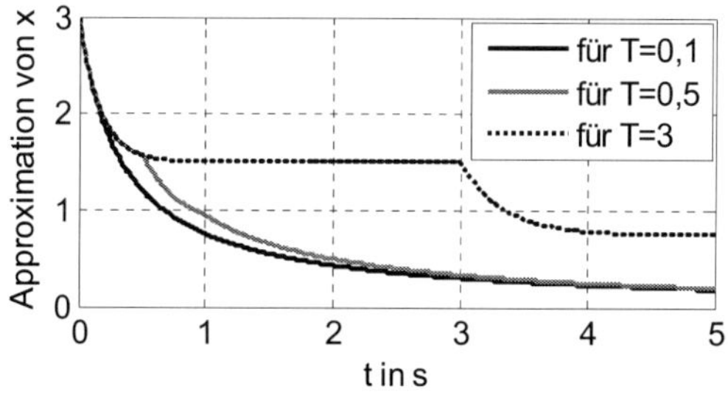

Abbildung 6: VBL-Beispiel – VBL-Approximationen von x

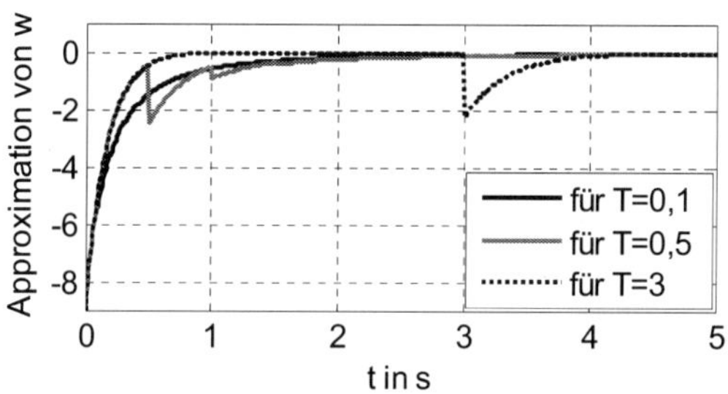

Abbildung 7: VBL-Beispiel – VBL-Approximationen von w

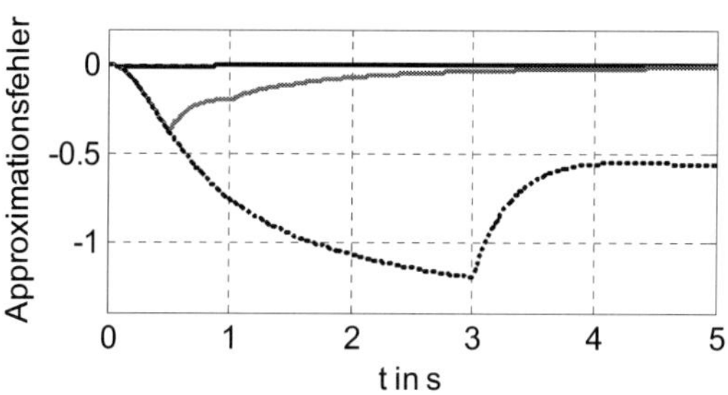

Abbildung 8: VBL-Beispiel –Approximationsfehler von x

3 Reglerauslegung mittels Velocity-Based Design

3.1 Regelkreis in VBL-Form

Wie in Kapitel 2 beschrieben eignet sich die VBL, um ein beliebiges nichtlineares System durch eine Familie von Quasi-LPV-Systemen beliebig genau zu approximieren. In diesem Kapitel sollen in Anlehnung an die Ausführungen in [2] und [3] einige Möglichkeiten der

Reglerauslegung und Stabilitätsanalyse Im Rahmen des Velocity-Based Design (VBD) betrachtet werden. Dabei spielt die Eigenschaft von Systemen in VBL-Form eine Rolle, die besagt, dass zwei innerhalb einer Rückführung angeordnete Systeme in VBL-Form der entsprechenden Anordnung der realen, nichtlinearen Systeme äquivalent sind. D.h., das VBL-Gesamtsystem, das aus den beiden kaskadisch angeordneten VBL-Systemen resultiert, entspricht der VBL-Form des nichtlinearen Gesamtsystems, das sich aus den einzelnen, entsprechenden nichtlinearen Systemen in derselben Rückführanordnung ergibt.

Daher ist es möglich, für eine Regelstrecke in VBL-Form einen Regler, ebenfalls in VBL-Form, zu entwerfen, und die beiden VBL-Systeme direkt im Sinne eines Regelkreises zu verbinden. Als Reglerausgang und Streckeneingang kann dann direkt $\dot{\boldsymbol{y}}_C$ anstatt $\boldsymbol{y}_C$ verwendet werden. Dies ist in Abbildung 9 dargestellt, in der Regler und Strecke in Quasi-LPV-Form über die folgenden Zustandsgleichungen definiert sind.

$$\begin{aligned} \dot{\hat{\boldsymbol{x}}}_C &= \hat{\boldsymbol{w}}_C \\ \dot{\hat{\boldsymbol{w}}}_C &= \boldsymbol{A}_C(\rho)\hat{\boldsymbol{w}}_C + \boldsymbol{B}_C(\rho)\begin{bmatrix}\dot{\boldsymbol{r}}_C & \dot{\hat{\boldsymbol{y}}}\end{bmatrix}^{\mathrm{T}} \\ \dot{\hat{\boldsymbol{y}}}_C &= \boldsymbol{C}_C(\rho)\hat{\boldsymbol{w}}_C + \boldsymbol{D}_C(\rho)\begin{bmatrix}\dot{\boldsymbol{r}}_C & \dot{\hat{\boldsymbol{y}}}\end{bmatrix}^{\mathrm{T}} \end{aligned} \tag{14}$$

$$\begin{aligned} \dot{\hat{\boldsymbol{x}}} &= \hat{\boldsymbol{w}} \\ \dot{\hat{\boldsymbol{w}}} &= \boldsymbol{A}(\rho)\hat{\boldsymbol{w}} + \boldsymbol{B}(\rho)\begin{bmatrix}\dot{\boldsymbol{z}} & \dot{\hat{\boldsymbol{y}}}_C\end{bmatrix}^{\mathrm{T}} \\ \dot{\hat{\boldsymbol{y}}} &= \boldsymbol{C}(\rho)\hat{\boldsymbol{w}} + \boldsymbol{D}(\rho)\begin{bmatrix}\dot{\boldsymbol{z}} & \dot{\hat{\boldsymbol{y}}}_C\end{bmatrix}^{\mathrm{T}} \end{aligned} \tag{15}$$

Die Variablen $\dot{\boldsymbol{r}}_C$ bzw. $\dot{\boldsymbol{z}}$ stellen dabei die Ableitungen externer Referenzsignale, Störungen oder Scheduling-Signale dar, die Variable ρ ist die Scheduling-Variable, welche abhängig von den Systemeingängen und Zuständen sein kann.

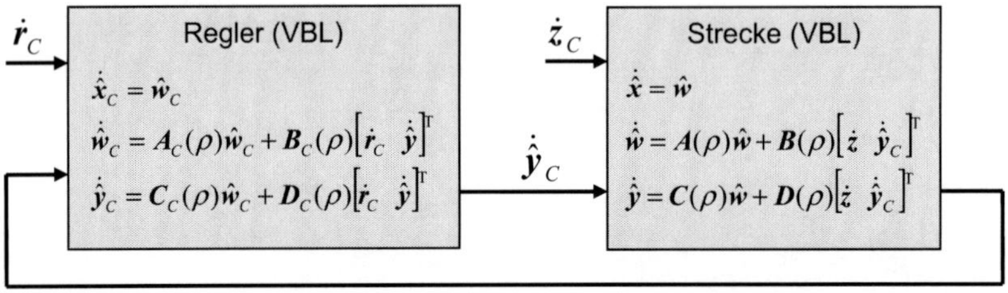

Abbildung 9: Regelkreis in VBL-Form

In der realen Anwendung liegt die Regelstrecke natürlich in nichtlinearer Form vor und verlangt $\hat{\boldsymbol{y}}_C$ als Eingangssignal. Im Gegenzug muss als Rückführgröße in den Regler die Ableitung $\dot{\boldsymbol{y}}$ des Streckenausgangs gebildet werden. Deshalb sind hier, wie Abbildung 10 zeigt, eine entsprechende Integration hinter und Differentiation vor dem Regler notwendig. Falls der Regler reines Integralverhalten aufweist, kann die Differentiation vor dem Regler formal durch den Integrator ausgeglichen werden, in einigen Fällen ist es auch möglich, direkt die Ableitung des Streckenausgangs zu messen. In allen anderen Fällen muss die Ableitung des Streckenausgangs in geeigneter Weise approximiert werden.

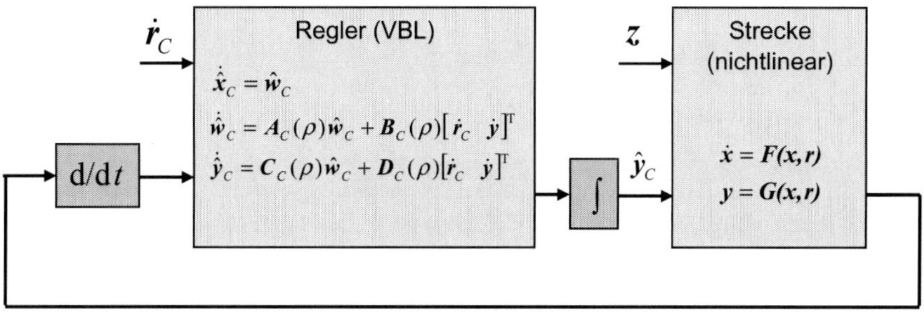

Abbildung 10: Regelkreis mit VBL-Regler und nichtlinearer Strecke

Sofern es Reglerauslegung und Stabilitätsbedingungen zulassen, kann die Länge der Zeitintervalle, nach denen der Arbeitspunkt der VBL-Systeme neu gesetzt werden, gegen Null gehen, wodurch aus der quasi-linearen Form des Reglers ein nichtlinearer Regler gebildet werden kann. In diesem Fall ist unter Umständen eine Anordnung von Regler und Strecke jeweils in direkter nichtlinearer Form möglich, wodurch der Regler $\boldsymbol{y}$ als Eingang und $\boldsymbol{y}_C$ als Ausgang hat und die oben erwähnten Differentiation bzw. Integration überflüssig wird.

3.2 Reglerauslegung und Stabilitätsbetrachtungen im VBD

Da das VBD keine speziellen Forderungen an die Art des Reglers stellt, bleibt die Auswahl und Auslegung des Reglers dem Anwender überlassen. Ausgangsposition für den Reglerentwurf bildet die Regelkreisanordnung von (14) und (15), wobei zu beachten ist, dass sich hier die Anzahl der Zustände im Vergleich zu den nichtlinearen Systemen verdoppelt hat, man dafür aber mit einer Quasi-LPV-Form arbeiten kann. Im Rahmen des VBD ist es daher möglich, Regler zu entwerfen, die z.B. linear, nichtlinear, von den Zuständen der Regelstrecke und externen Scheduling-Variablen abhängig oder auch schaltend sind. Allerdings stellt sich aus Stabilitätsgründen die Bedingung an die nichtlinearen Systeme, dass sie (zumindest stückweise lokal) lipschitzstetige Ableitungen $\nabla \mathrm{F}_x(\boldsymbol{x}, \boldsymbol{r})$ besitzen (s. [2]).
Im Gegensatz zum klassischen Gain Scheduling, in dem bei nichtlinearen Regelstrecken die nichtlineare Dynamik unberücksichtigt bleibt, wird diese im Rahmen des VBD weitestgehend berücksichtigt. Dadurch entfallen zum einen die strikten und übermäßig konservativen Bedingungen an die Nähe zu den Gleichgewichts-Arbeitspunkten bzw. die beschränkte Transitionsgeschwindigkeit zwischen diesen, was einer Beschränkung der Zustands- und Eingangsableitungen entspricht. Zum anderen, falls das Regelgesetz durch die Zustände der Strecke parametrisiert wird, zeigt sich das VBD im Gegensatz zum klassischen Gain Scheduling robust gegen zustandstransformierte, aber ansonsten identische Realisierungen des Reglers (siehe [5]).
Das in [3] vorgeschlagene Vorgehen zum Reglerentwurf im VBD lautet in Kurzform:

a) Bestimme die VBL-Familie der nichtlinearen Regelstrecke, so dass diese in Quasi-LPV-Form vorliegt.

b) Entwerfe mittels linearer Methoden eine VBL-Reglerfamilie für die Strecke, so dass die entsprechende Familie der geschlossenen VBL-Regelkreise die Performance-Anforderungen erfüllt.

c) Generiere aus der VBL-Reglerfamilie einen nichtlinearen Regler, indem die Scheduling-Variable kontinuierlich variiert werden darf, oder implementiere den Regler direkt in der VBL-Form mit einer geeigneten Intervalllänge der stückweisen Approximationen.

Ein alternativer Ansatz zu den in c) erwähnten zeitlich-stückweisen Approximationen stellt die in [7] vorgestellte Beschreibung des Systems in der Multiple-Model-Darstellung dar, bei der das Gesamtsystem aus einer gewichteten Überlagerung einzelner lokaler Modelle (die aus der VBL resultieren) zusammengesetzt wird.
Die Stabilität des geschlossenen Regelkreises ist durch das VBD noch nicht automatisch gegeben, allerdings wahrscheinlicher als im klassischen Gain Scheduling und als bei einigen Ad-hoc-Verfahren zur Erstellung einer Quasi-LPV-Form eines Systems. In [2] sind ausführliche Beweisführungen für den Stabilitätstest gegeben, die aber aufgrund ihres Umfangs nicht im Rahmen dieser Arbeit diskutiert werden sollen. Als Hauptergebnis der Stabilitätsbetrachtungen lässt sich aber sagen, dass die Stabilität, sofern sie nicht global gilt, an eine Beschränkung der Ableitungen der Anfangszustände und Eingangssignale gebunden ist. Diese Beschränkungen sind allerdings nur so hoch wie nötig und viel weniger restriktiv als beim klassischen Gain Scheduling, da sie nichts mit einer Beschränkung des Arbeitsbereichs auf die Nähe zu einem Gleichgewichts-Arbeitspunkt oder einer Solltrajektorie zu tun haben.
Alternativ ist es auch möglich, für die entworfene VBL-Reglerfamilie wie in [1] eine gemeinsame Lyapunov-Funktion zu finden, durch welche globale Stabilität des Regelkreises garantiert werden kann. Daneben kann mittels VBD auch eine Eingangs-/Ausgangs-Linearisierung rein mittels linearer Methoden realisiert werden, die sich trotz des ähnlichen Ergebnisses stark von der dynamischen Inversion unterscheidet und die auch globale Stabilität des Systems sicherstellt. Dieses Vorgehen ist ausführlich in [6] beschrieben. Im Rahmen dieser Arbeit soll im nächsten Kapitel anstatt eines theoretischen nur ein simulativer Stabilitätsnachweis erbracht werden, mathematische Nachweise für teils auch komplexere Systeme sollen in kommenden Arbeiten folgen.

4 Anwendung des Velocity-Based Design auf aktive Radaufhängungen

4.1 Anwendungsmöglichkeiten

Im Bezug auf die Regelung aktiver Radaufhängungen bietet das VBD aufgrund der in den vorigen Kapiteln aufgeführten Eigenschaften für etliche spezielle Fälle attraktive Möglichkeiten, z.B. wenn

- nichtlineare Eigenschaften der Viertelfahrzeugkomponenten ins Modell mit einbezogen werden sollen (nichtlineare Feder- und Dämpfercharakteristiken, Reibungseffekte, etc.),
- geometrische Nichtlinearitäten in das Viertelfahrzeugmodell mit eingebaut werden sollen (siehe z.B. [8])

- wenn externe Scheduling-Variablen auf komplexe, nichtlineare Weise in das System einwirken (da beim VBD dann für den relevanten Wertebereich des Scheduling-Signals und dessen Ableitung adäquate Regler entworfen werden können),
- ein semi-aktives Element mit einem nichtlinearen, von den Systemzuständen abhängigen Stellgesetz mit einem aktiven Element kombiniert werden soll,
- das Stellgesetz eines aktiven oder semiaktiven Elements in Abhängigkeit von den Systemzuständen (und anderen Scheduling-Variablen) entworfen werden soll,
- das Viertelfahrzeugmodell durch weitere, nichtlineare Abhängigkeiten von anderen Fahrzeugteilen erweitert werden soll.

Natürlich ist zu beachten, dass nicht in jedem Fall das meist komplexere Vorgehen im VBD zu merklich besseren Ergebnissen führen muss, aber in vielen Fällen – insbesondere bei starken Nichtlinearitäten und bei der Auslegung komplexerer Regelgesetze – stellt es sicherlich eine wertvolle Alternative dar. In den folgenden beiden Abschnitten soll zuerst ein Prinzipbeispiel zur Reglerauslegung für ein aktives Element mittels VBD gegeben und danach die VBL-Form der semiaktiven Skyhook-Regelung im Viertelfahrzeug hergeleitet werden, da diese als Basis für darauf aufsetzende ergänzende, aktive Stellgesetze in kommenden Arbeiten dienen kann.

4.2 Prinzipbeispiel zur Auslegung eines aktiven Stellgesetzes im VBD

Zuerst soll ein simples Ein-Massen-Schwingungssystem mit der Masse $m=1$ betrachtet werden, welches gemäß Abbildung 11 über eine Feder mit der Federkonstante $c=100$ und ein Dämpferelement mit der Dämpfkonstante $k=20$ mit einem Inertialsystem verbunden ist.

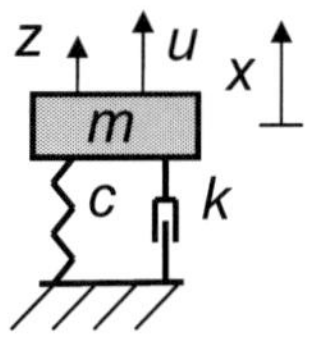

Abbildung 11: Beispiel zum Ein-Massen-Schwinger

An der Masse geht über einen Aktor eine Stellkraft u ins System ein, wobei das Stellgesetz als Funktion der Position x entworfen werden soll. Weiterhin gelten für die maximale dauerhafte Stellkraft $\bar{u}$, die maximale kurzzeitige Höchststellkraft $u_{\max}$ und den maximalen Federhub $x_{\max}$ die Bedingungen

$$\bar{u}=5\,,\quad u_{\max}=20\,,\quad x_{\max}=0{,}2\,. \tag{16}$$

Das Zustandsraummodell des Systems wird beschrieben über

$$\begin{aligned} \ddot{x} &= -cx - k\dot{x} + u + z\,, \\ u &= -f(x)\,. \end{aligned} \tag{17}$$

Das Stellgesetz soll dabei so entworfen werden, dass das geregelte System im Idealfall aperiodisches Verhalten beibehält und die Bedingungen an $\bar{u}$ und $u_{\max}$ in Anwesenheit einer Störkraft z möglichst nicht verletzt werden.
Die Linearisierung des Systems um einen beliebigen Arbeitspunkt herum ergibt

$$\begin{aligned} \ddot{\hat{x}} &= -c\hat{x} - k\dot{\hat{x}} + \hat{u} + z, \\ \hat{u} &= -f(x_1) + \nabla_x f(x_1)x_1 - \nabla_x f(x_1)x . \end{aligned} \tag{18}$$

Durch Ableitung nach der Zeit erhält man die VBL-Familie

$$\begin{aligned} \hat{w} &= \dot{\hat{x}} \\ \ddot{\hat{w}} &= -c\hat{w} - k\dot{\hat{w}} + \dot{\hat{u}} + \dot{z}, \\ \dot{\hat{u}} &= -\nabla_x f(x_1)\hat{w} = -f_1'\hat{w}, \end{aligned} \tag{19}$$

wobei die Anfangsbedingungen zu jedem $t = t_1$ so gewählt werden, dass $\hat{u}(t_1) = -f(\hat{x}_1)$ ist. Der geschlossene VBL-Regelkreis (siehe Abbildung 9) weist daher eine PT2-Störübertragungsfunktion

$$G_{\dot{\hat{x}},\dot{z}} = \frac{1}{ms^2 + ks + c + f_1'} = \frac{1}{s^2 + 20s + 100 + f_1'} \tag{20}$$

auf. Damit der Regelkreis ein Lehrsches Dämpfungsmaß von 1 erhält (Doppelpol auf der reellen Achse und damit aperiodisches Verhalten), muss $f_1' = 50$ und damit $f(x) = 50x$ sein. Allerdings zeigt sich, dass ab einer Auslenkung von $|x| \geq 0{,}1$ die mittlere Dauermaximalkraft von $\bar{u} = 5$ erreicht wird, weshalb die Kraft ab hier auf diesen Wert beschränkt werden sollte. Für hohe Auslenkungen nahe dem Maximalhub $|x| = 0{,}2$ jedoch muss aus Sicherheitsgründen durch kurzzeitigen hohen Krafteinsatz ein Erreichen dieses Wertes verhindert werden. Beim Erreichen von $|x| = 0{,}2$ soll z.B. die Maximalkraft wirken, was zu folgendem Regelgesetz führen kann, was auch in Abbildung 12 veranschaulicht wird.

$$f(x) = \begin{cases} 5 + 500(x - 0{,}18) & \text{wenn} \quad x > 0{,}18 \\ 5 & \text{wenn} \quad 0{,}1 < x \leq 0{,}18 \\ 50x & \text{wenn} \quad -0{,}1 \leq x \leq 0{,}1 \\ -5 & \text{wenn} \quad -0{,}18 \leq x < 0{,}1 \\ -5 + 500(x + 0{,}18) & \text{wenn} \quad x < -0{,}18 \end{cases} \tag{21}$$

$$\nabla_x f(x_1) = f_1' = \begin{cases} 500 & \text{wenn} \quad |x_1| > 0{,}18 \\ 0 & \text{wenn} \quad 0{,}1 < |x_1| \leq 0{,}18 \\ 50 & \text{wenn} \quad |x_1| \leq 0{,}1 \end{cases} \tag{22}$$

Die Funktion $\nabla_x f(x_1)$ in (22) ist stückweise lipschitzstetig, kann aber bei Bedarf global stetig gemacht werden, indem die unrunden Übergänge in (21) z.B. durch geeignete nichtlineare Funktionen oder Splines ersetzt werden. Daneben sind natürlich auch noch komplexere

Stellgesetze vorstellbar. Da eine Voraussetzung der Stabilität des nichtlinearen Regelkreises die Stabilität seiner VBL-Familie ist, werden noch die Pole von (20) für $\nabla_x f(x_1) = 0$ und $\nabla_x f(x_1) = 500$ berechnet. Im ersten Fall liegen beide Pole auf der reellen Achse und das VBL-System ist stabil, aber überdämpft. Im zweiten Fall ergeben sich zwei stabile, aber schwach gedämpfte komplex-konjugierte Pole, was aber angesichts des Sicherheitsaspekts (maximaler Hub) vertretbar ist. Ansonsten kann hier das Stellgesetz noch zu Gunsten einer besseren Lehrschen Dämpfung angepasst werden.
Während den unstetigen Übergängen der Mitglieder der VBL-Familie ist noch keine Stabilität sichergestellt. Dies soll an dieser Stelle simulativ nachgeprüft werden. Hierzu wird das System mit einem nichtlinearen Stellgesetz (also mit einem Zeitintervall $T = 0$) implementiert, um Approximationsfehler zu minimieren. Wie die folgenden drei Abbildungen zeigen, ist das System für ein in Abbildung 13 gezeigtes Störsignal (welches den Bereich der maximal auftretenden Störkräfte und deren Ableitungen abdecken soll) stabil. Es zeigt eine Verbesserung im Vergleich zum passiven System und schafft es, den maximalen Hub auf die geforderte Höhe zu begrenzen (ohne deutlich mehr als die maximale Stellkraft zu verlangen), wobei sich dies nur in diesem Bereich hoher Auslenkungen nachteilig auf die Dynamik auswirkt. Weiterhin ist die Aktorkraft die meiste Zeit über nicht höher als 5, wodurch die Forderungen an die Dauermaximalkraft erfüllt werden. Obwohl dieses Beispiel relativ einfach und überschaubar ist, wären dieselben Betrachtungen zu Dynamik und Stabilität im klassischen Gain Scheduling nicht direkt möglich gewesen.

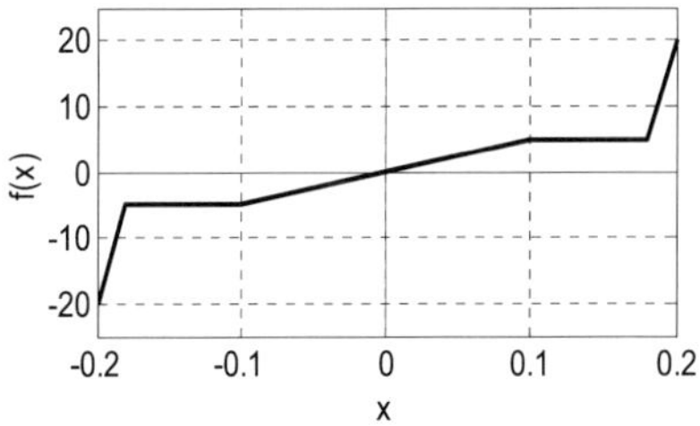

Abbildung 12: Stellkraft in Abh. von x

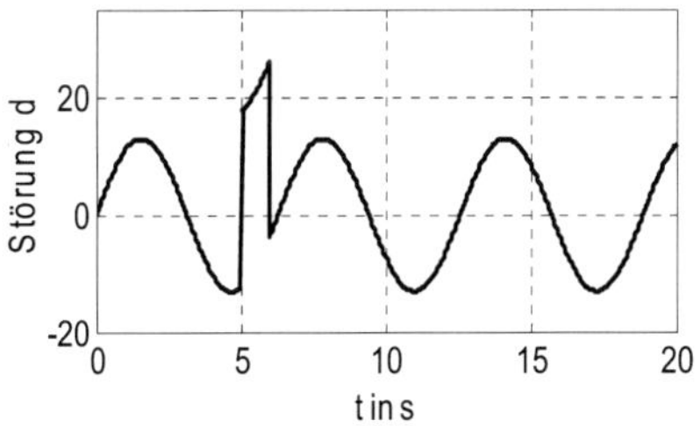

Abbildung 13: Störkraft über der Zeit

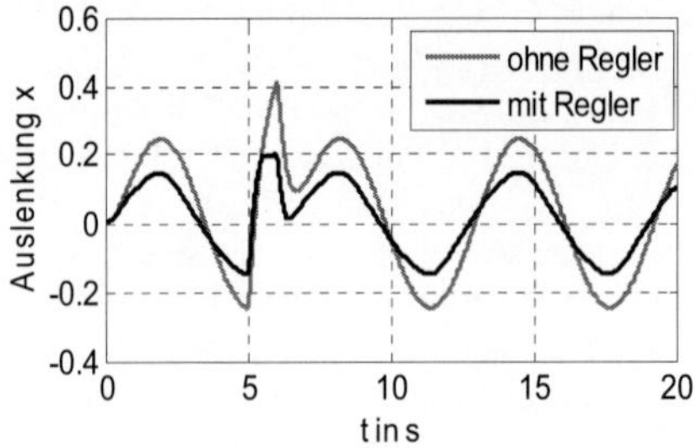

Abbildung 14: x passive und aktiv

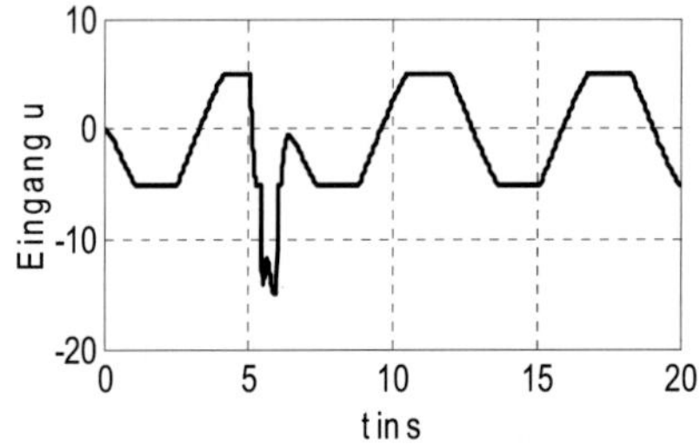

Abbildung 15: Stellkraft über der Zeit

4.3 Herleitung des Viertelfahrzeugmodells mit Skyhook-Regelung in VBL-Form

In diesem Abschnitt soll in wenigen Schritten die VBL-Familie eines semiaktiv geregelten, aber ansonsten linearen Viertelfahrzeugmodells hergeleitet werden, welche als Basis für die Erweiterung des Systems durch aktive Komponenten in kommenden Arbeiten dienen soll. Als Stellgesetz für den semiaktiven Dämpfer soll die Skyhook-Regelung betrachtet werden, die bereits in (1) und Abbildung 1 beschrieben wurde.

4.3.1 System in nichtlinearer Form

Zur Herleitung der VBL-Familie soll das System formal in eine passive Strecke und einen Skyhook-Regler aufgeteilt werden, wobei die Dynamik des semiaktiven Dämpfers sowie die Dämpfung des Reifens vernachlässigt werden soll. Die Viertelfahrzeug-Strecke ergibt sich, aufgespaltet in einen linearen und einen nichtlinearen Teil, zu

$$\begin{aligned} \dot{\boldsymbol{x}} &= \boldsymbol{A}\boldsymbol{x} + \boldsymbol{E}(z_S) + \mathrm{F}(\boldsymbol{x}, r) \,, \\ \boldsymbol{y} &= \boldsymbol{C}\boldsymbol{x} \,, \end{aligned} \tag{23}$$

wobei die einzelnen Zustandsraumelemente über

$$\boldsymbol{A} = \begin{bmatrix} 0 & 1 & 0 & 0 \\ -\frac{c_c}{m_C} & 0 & \frac{c_c}{m_c} & 0 \\ 0 & 0 & 0 & 1 \\ \frac{c_c}{m_R} & 0 & -\frac{c_c+c_R}{m_R} & 0 \end{bmatrix}, \quad \boldsymbol{E} = \begin{bmatrix} 0 \\ 0 \\ 0 \\ \frac{c_R}{m_R} \end{bmatrix}, \quad \mathrm{F}(\boldsymbol{x}, r) = \begin{bmatrix} 0 \\ r(\dot{z}_R - \dot{z}_C) \\ 0 \\ r(\dot{z}_C - \dot{z}_R) \end{bmatrix}, \quad \boldsymbol{x} = \begin{bmatrix} z_C \\ \dot{z}_C \\ z_R \\ \dot{z}_R \end{bmatrix}, \tag{24}$$

$$\boldsymbol{C} = \begin{bmatrix} 0 & 1 & 0 & 0 \\ 0 & 0 & 0 & 1 \end{bmatrix}, \qquad \boldsymbol{y} = \begin{bmatrix} \dot{z}_C \\ \dot{z}_R \end{bmatrix}$$

definiert sind, und z_S das Straßenprofil bzw. die Störgröße beschreibt. Das Stellsignal r des Reglers soll der aktuellen semiaktiven Dämpfkonstante entsprechen und wird durch das Skyhook-Gesetz

$$r = r(\boldsymbol{y}) = k(\boldsymbol{y}) = \begin{cases} k_{\min} & \text{wenn } \dfrac{k_C \dot{z}_C}{\dot{z}_C - \dot{z}_R} < k_{\min} \\ \widetilde{k}(\boldsymbol{y}) = \dfrac{k_C \dot{z}_C}{\dot{z}_C - \dot{z}_R} & \text{wenn } k_{\min} \le \dfrac{k_C \dot{z}_C}{\dot{z}_C - \dot{z}_R} \le k_{\max} \\ k_{\max} & \text{wenn } \dfrac{k_C \dot{z}_C}{\dot{z}_C - \dot{z}_R} > k_{\max} \end{cases} \tag{25}$$

gebildet. Der Systemausgang $\boldsymbol{y}$ erfüllt damit gleichzeitig die Funktion einer Scheduling-Variable ρ. Im Rahmen von Ad-hoc-Methoden zur Herstellung einer Quasi-LPV-Form des Systems wird nun meist $r_1 = k(\boldsymbol{y}_1)$ direkt als parametrisierendes Scheduling-Signal verwendet, wodurch (23) zwar quasi-linear wird, die zusätzliche Systemdynamik durch die implizite nichtlineare Zustandsrückführung aber nicht adäquat berücksichtigt wird.

4.3.2 Linearisierung um einen beliebigen Arbeitspunkt

Im Gegensatz dazu ergibt sich die Linearisierung der Systeme um einem allgemeinen Arbeitspunkt durch Anwendung von (6) auf (23) zu

$$\begin{aligned} \dot{\hat{\boldsymbol{x}}} &= \boldsymbol{N}(\boldsymbol{x}_1, r_1) + \boldsymbol{A}_{lin}\hat{\boldsymbol{x}} + \boldsymbol{B}_{lin}[z_S \;\; r]^T , \\ \hat{\boldsymbol{y}} &= \boldsymbol{C}\hat{\boldsymbol{x}}, \qquad \hat{r} = k_{lin}(\hat{\boldsymbol{y}}) \end{aligned} \tag{26}$$

mit den einzelnen Matrizen

$$\boldsymbol{N}(\boldsymbol{x}_1, r_1) = \begin{bmatrix} 0 \\ r_1(\dot{z}_{C1} - \dot{z}_{R1}) \\ 0 \\ r_1(\dot{z}_{R1} - \dot{z}_{C1}) \end{bmatrix}, \quad \boldsymbol{A}_{lin} = \begin{bmatrix} 0 & 1 & 0 & 0 \\ -\frac{c_c}{m_C} & -r_1 & \frac{c_c}{m_c} & r_1 \\ 0 & 0 & 0 & 1 \\ \frac{c_c}{m_R} & r_1 & -\frac{c_c+c_R}{m_R} & -r_1 \end{bmatrix}, \quad \boldsymbol{B}_{lin} = \begin{bmatrix} 0 & 0 \\ 0 & \dot{z}_{R1} - \dot{z}_{C1} \\ 0 & 0 \\ \frac{c_R}{m_R} & \dot{z}_{C1} - \dot{z}_{R1} \end{bmatrix} \tag{27}$$

$$k_{lin}(\hat{\boldsymbol{y}}) = \begin{cases} k_{\min} & \text{wenn } \dfrac{k_C \dot{z}_C}{\dot{z}_C - \dot{z}_R} < k_{\min}, \\ \dfrac{k_C \dot{z}_{C1}}{\dot{z}_{C1} - \dot{z}_{R1}} - \dfrac{k_C \dot{z}_{R1}}{(\dot{z}_{C1} - \dot{z}_{R1})^2} \dot{z}_C + \dfrac{k_C \dot{z}_{C1}}{(\dot{z}_{C1} - \dot{z}_{R1})^2} \dot{z}_R & \text{wenn } k_{\min} \le \dfrac{k_C \dot{z}_C}{\dot{z}_C - \dot{z}_R} \le k_{\max}, \\ k_{\max} & \text{wenn } \dfrac{k_C \dot{z}_C}{\dot{z}_C - \dot{z}_R} > k_{\max}. \end{cases}$$

4.3.3 VBL-Familie des Systems

Durch Ableitung nach der Zeit erhält man gemäß (7) die VBL-Familien von Strecke und Regler.

$$\dot{\hat{\boldsymbol{w}}} = \boldsymbol{A}_{lin} \hat{\boldsymbol{w}} + \boldsymbol{B}_{lin} [\dot{z}_S \;\; \dot{r}]^T, \qquad \dot{\hat{\boldsymbol{y}}} = \boldsymbol{C} \hat{\boldsymbol{w}}, \qquad \dot{\hat{r}} = \dot{k}_{lin}(\dot{\hat{\boldsymbol{y}}})$$

$$\dot{k}_{lin}(\dot{\hat{\boldsymbol{y}}}) = \begin{cases} 0 & \text{wenn } \dfrac{k_C \dot{z}_C}{\dot{z}_C - \dot{z}_R} < k_{\min} \\ -\dfrac{k_C \dot{z}_{R1}}{(\dot{z}_{C1} - \dot{z}_{R1})^2} \ddot{z}_C + \dfrac{k_C \dot{z}_{C1}}{(\dot{z}_{C1} - \dot{z}_{R1})^2} \ddot{z}_R & \text{wenn } k_{\min} \le \dfrac{k_C \dot{z}_C}{\dot{z}_C - \dot{z}_R} \le k_{\max} \\ 0 & \text{wenn } \dfrac{k_C \dot{z}_C}{\dot{z}_C - \dot{z}_R} > k_{\max} \end{cases} \tag{28}$$

Die Matrizen $\boldsymbol{A}_{lin}$ und $\boldsymbol{B}_{lin}$ sind in (27) gegeben, die Anfangswerte $\hat{\boldsymbol{w}}(t_1)$ und $\hat{r}(t_1)$ zu Beginn jedes Zeitintervalls müssen in Anlehnung an (8) dabei auf

$$\hat{\boldsymbol{w}}(t_1) = -\boldsymbol{N}(\boldsymbol{x}_1, r_1), \qquad \hat{r}(t_1) = \begin{cases} k_{\min} & \text{wenn } \dfrac{k_C \dot{z}_C}{\dot{z}_C - \dot{z}_R} < k_{\min}, \\ \dfrac{k_C \dot{z}_{C1}}{\dot{z}_{C1} - \dot{z}_{R1}} & \text{wenn } k_{\min} \le \dfrac{k_C \dot{z}_C}{\dot{z}_C - \dot{z}_R} \le k_{\max} \\ k_{\max} & \text{wenn } \dfrac{k_C \dot{z}_C}{\dot{z}_C - \dot{z}_R} > k_{\max}, \end{cases} \tag{29}$$

gesetzt werden. Als Eingang für den Regler in VBL-Form werden die Ableitungen $\ddot{z}_C$ und $\ddot{z}_R$ der Ausgänge des passiven Systems benötigt, die hier in der Regel aber ohnehin ohne zusätzliche Differentiation vorliegen, da meist Beschleunigungssensoren verwendet werden. Wenn den Scheduling-Variablen $\dot{z}_{C1}$, $\dot{z}_{R1}$ und r_1 erlaubt wird, kontinuierlich zu variieren, so geht die VBL-Familie nach Zeitintegration wieder exakt in die nichtlinearen Teilsysteme (23)-(25) über. Wird dann zudem das Reglersignal r durch die Zustände des passiven Systems substituiert, so erhält man letztendlich die bekannte Form des semiaktiven Viertelfahrzeugmodells mit Skyhook-Regelung

$$\begin{aligned} \dot{\boldsymbol{x}} &= \boldsymbol{A}(k_{Sky})\boldsymbol{x} + \boldsymbol{E}(z_S), \\ k_{Sky} &= k(\dot{z}_c, \dot{z}_R). \end{aligned} \tag{30}$$

Anhand der VBL-Familie (28)-(29) des Systems in Quasi-LPV-Form können nun in kommenden Arbeiten weitere aktive Regler aufsetzen und Stabilitäts- bzw. Performance-Betrachtungen durchgeführt werden. Natürlich kann die VBL-Familie auch um weitere Nichtlinearitäten ergänzt werden.

5 Zusammenfassung

Im Rahmen dieser Arbeit wurden die Möglichkeiten des Velocity-Based Design aufgezeigt, insbesondere die Transformation nichtlinearer Systeme in eine Familie linearer Systeme in Quasi-LPV-Form und die Ansätze zur Auslegung eines Regelgesetzes für dieses System. Es zeigte sich, dass die VBL-Familie das nichtlineare System beliebig genau approximieren kann, und mit dem VBD ausgelegte Regler solchen, die auf der klassischen Linearisierung oder Ad-hoc-Verfahren zur Herstellung einer Quasi-LPV-Form aufsetzen, im allgemeinen hinsichtlich Performance- und Stabilitätsbetrachtungen überlegen sind. Weiterhin wurden erste Ansätze zur Anwendung des VBD auf aktive Radaufhängungen präsentiert, welche mit Beispielen zur aktiven und semiaktiven Regelung veranschaulicht wurden. Zukünftige Arbeiten werden sich mit komplexeren Viertelfahrzeugsystemen und Regelgesetzen auseinandersetzen, welche im Rahmen des VBD analysiert bzw. entworfen werden sollen. Auch mathematische Stabilitätsnachweise werden dort näher untersucht werden.

Literatur

[1] Fialho, I., Balas, G.: Road Adaptive Active Suspension Design Using Linear Parameter Varying Gain-Scheduling. IEEE Transactions on Control Systems Technology, Vol. 10, NO. 1, 2002.

[2] Leith, D.J., Leithead, W.E.: Gain-Scheduled & Nonlinear Systems: Dynamic Analysis by Velocity-Based Linearisation Families. International Journal of Control, **70**, 1998, pp.289-317.

[3] Leith, D.J., Leithead, W.E.: Gain-Scheduled Controller Design: An Analytic Framework Directly Incorporating Non-Equilibrium Plant Dynamics. International Journal of Control, **70**, 1998, pp.249-269.

[4] Leith, D.J., Leithead, W.E.: On formulating nonlinear dynamics in LPV form. Proceedings of the 39th IEEE Conference on Decision and Control, 2000, Volume 4, Sydney, 2000, Pages: 3526 – 3527.

[5] Leith, D.J., Leithead, W.E.: Appropriate Realisation of MIMO Gain Scheduled Controllers. International Journal of Control, **70**, 1998, pp.13-50.

[6] Leith, D.J., Leithead, W.E.: Input-Output Linearisation by Velocity-based Gain Scheduling. International Journal of Control, **72**, 1999, pp.229-246.

[7] Leith, D.J., Leithead, W.E.: Analytic Framework for Blended Multiple Model Systems Using Linear Local Models. International Journal of Control, **72**, 1999, pp.605-619.

[8] Herrnberger, M., Mäder, D., Lohmann, B.: Linear Robust Control for a Nonlinear Active Suspension Model Considering Variable Payload. Proceedings of the 17th IFAC World Congress 2008, Seoul, South Korea, 2008.

[9] Rakheja, S., Sanker, S.: Vibration and shock isolation performance of a semi-active "on-off" damper. Transactions of the ASME Journal of Vibration, Acoustics, Reliability in Design, 1985.

[10] Mitschke, M., Wallentowitz, H.: Dynamik der Kraftfahrzeuge. Springer, Berlin, 2004.

Wheel load adaptive control of an active quadricycle suspension system

Guido Koch
Institute of Automatic Control, Technische Universität München
Boltzmannstr. 15, 85748 Garching
E-Mail: guido.koch@tum.de

In order to moderate the conflicting suspension objectives ride comfort and ride safety, a switching controller structure for an active suspension system which schedules output feedback approximations of linear optimal regulators depending on the dynamic wheel load is developed. The goal is to maximize ride comfort while keeping the dynamic wheel load below certain safety critical bounds. Stability of the switching control system is analyzed using a common Lyapunov function approach. The control concept is validated with a quarter-vehicle testrig based on a quadricycle suspension. A Kalman filter that takes into account the nonlinear characteristic of the passive damper is used to estimate the dynamic wheel load from two measured acceleration signals and the suspension deflection measurement signal. The performance of the adaptive suspension control system is compared with a linear time-invariant controller and the passive quadricycle suspension system using measurements of real road profiles as excitation signals.

1 Introduction

In the design of automobile suspension systems, the classical conflict between minimizing vertical chassis acceleration to increase passenger comfort and keeping the dynamic wheel load small in order to ensure safe driveability must be further eased due to increasing customer demands [12]. Active suspension systems include controlled actuators between the chassis and the wheels and can fulfill this task to a certain extend [13], [3], [4], [1], [6].
Time-invariant controller structures for active suspensions can only ease this conflict moderately because of the conservatism of a constant controller parametrization for every driving state. In order to reflect the versatility of an active suspension system in the controller structure, an adaptive switching controller structure has been designed in [5], which changes the controller parametrization according to the suspension deflection and the dynamic wheel load. The switching strategy enables to focus on the optimization of ride comfort as long as certain safety critical bounds for the dynamic wheel load and the maximum suspension deflection are not violated. Stability of the switching control system is analyzed using a common quadratic Lyapunov function approach for all resulting closed loop configurations of the system [7].
The performance benefit of the concept has been shown in simulations [5]. In this work the developed control concept is validated using a quarter-vehicle testrig based on a quadricycle suspension. An electrical linear motor is integrated in parallel to the conventional passive suspension to realize the active suspension system. The linear quadratic optimal controllers are designed based on a linearized nonlinear model of the testrig. For the different controller tasks, i.e. minimization of the vertical body acceleration with respect to constraints for the dynamic wheel load, the suspension deflection and actuator forces, interpolation between output feedback approximations of three linear quadratic regulators and the passive system is realized in an adaptive controller structure. In this work, the interpolation is scheduled by the dynamic wheel load signal which is estimated by a Kalman filter from measurement data.

The performance of the adaptive suspension control system is compared with a linear time-invariant controller and the passive quadricycle suspension system in very realistic experimental framework using measured road profiles as excitation signals.

2 Quarter vehicle testrig

In order to analyze the vertical dynamic behavior of a vehicle suspension and to be able to verify developed control concepts for active suspension systems experimentally, a quarter vehicle testrig has been constructed based on a quadricycle suspension (see Figure 1). The quadricycle has a similar suspension system to a car excluding elastokinematic effects in suspension dynamics and with significantly lower sprung and unsprung masses. An electrical linear motor has been integrated in parallel to the primary suspension to realize an active suspension system at the testrig. The tire is excited vertically by another linear motor which tracks real measured road excitation signals. The chassis mass can move freely in the vertical direction due to linear guides.
The vertical acceleration of the wheel and chassis mass as well as the dynamic wheel load and the deflection of the primary spring are measured. The latter is measured by a wire rope actuated position transducer (WRAPT). Additionally, a force sensor is intergrated in the testrig to measure the dynamic wheel load for the performance evaluation. This signal is not used for control because wheel load sensors are not integrated in production vehicles. The two acceleration signals and the suspension deflection measurement signal are used for feedback control.

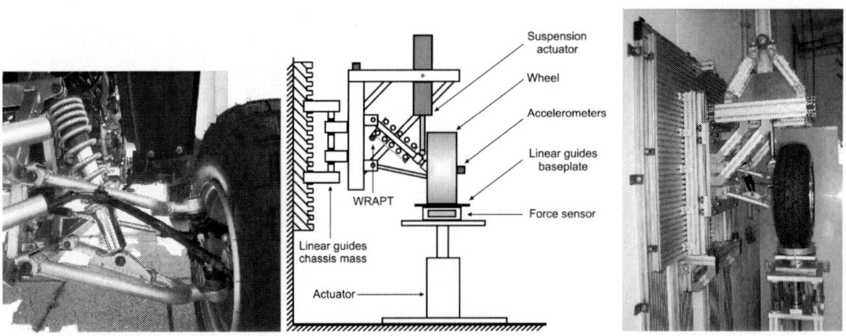

Figure 1: Quadricycle suspension in the vehicle (left), testrig concept (middle) and testrig realization (right).

3 Modelling

In order to model the active quadricycle suspension for controller design, the main nonlinearities of the suspension system including the tire and the damper characteristics are identified first. Linear approximations of these characteristics are used to model the suspension system by a linear fourth order quarter car model. Based on the model formulation for the quarter vehicle, the requirements for the suspension system are presented. Therefore, the model is augmented by a filtered version of the vertical chassis mass acceleration to take into account the frequency dependency of the human's sensitivity for vibration. The dynamic behavior of the electrical linear motor is also incorporated in the model using system identification techniques to be considered for controller design.

3.1 Main nonlinearities

Nonlinearities in the quadricycle suspension system mainly result from nonlinear component characteristics (damper, primary spring and tire characteristics), the kinematics of the inclined spring and damper in the double wishbone suspension configuration, as well as friction effects. To take the kinematic effects directly into account, experiments to identify the component characteristics have been performed with the components being mounted in their original position in the testrig. The characteristic of the primary spring is only slightly progressive and can be linearized well. The tire spring characteristic is quadratic and is linearized in the operating point given by the static load (see Figure 2 on the left). The damper has a degressive characteristic which is different for pressure (negative damper velocity) and rebound direction (see Figure 2 on the right). A linearization in the operating point given by zero damper velocity would result in a higher linear damping ratio over most of the velocity range than it is the case for the degressive characteristic in reality. If the controller is designed based on the linearized damper characteristic, this missing damping force can result in an unstable closed loop system. Therefore, the damper characteristic is approximated linearly by the mean value of two secant slopes: One between the pressure endpoint of the damper characteristic and its origin and the other between the rebound endpoint and the origin. This approximation assumes a lower damping of the system than a linearization in the origin and is used for controller design. To determine the resulting linear damping factor d_c, measured friction effects and the geometric transmission ratio $i_d = 2.457$ of the double wishbone configuration are taken into account resulting in $d_c = 771\,\frac{\text{Ns}}{m}$.

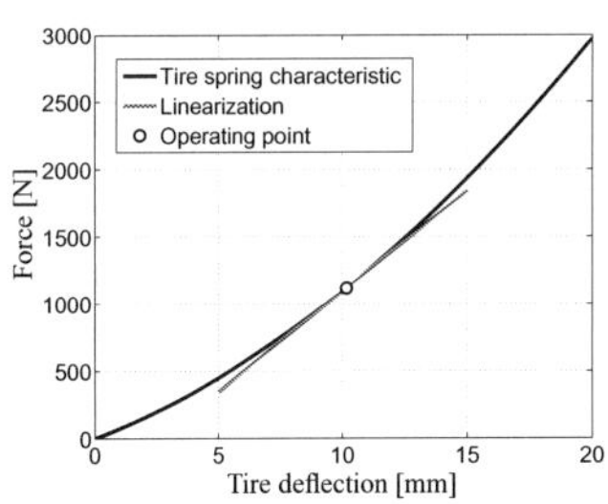

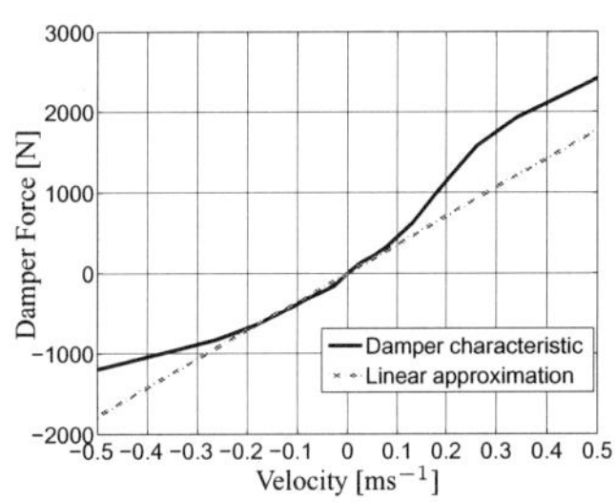

Figure 2: Linearized tire spring characteristic and linear approximation of the damper characteristic.

3.2 Linear suspension model

The lift movement of the suspension system can be modelled by the well-known quarter vehicle models illustrated in Figure 3 [12]. In the high bandwidth active suspension considered here, an actuator is integrated in parallel to the primary spring. A model for the actuator is introduced in Section 3.4. For the suspension parameters the linearized characteristics according to Section 3.1 are used.

The model of the passive suspension results from the active suspension model if $F(t) = 0$. The state-vector $\mathbf{x}$ and the output vector $\mathbf{y}$ with performance variables for control are intro-

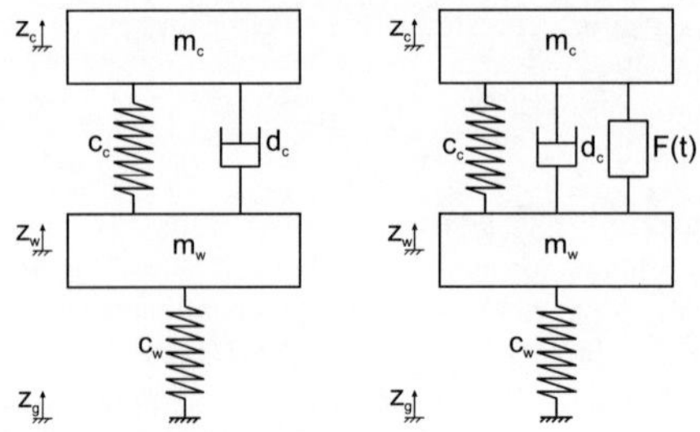

Figure 3: Quarter car models of the passive (left) and active suspension (right)

duced as $\mathbf{x} = \begin{bmatrix} z_c - z_w, & \dot{z}_c, & z_w - z_g, & \dot{z}_w \end{bmatrix}^T$ and $\mathbf{y} = \begin{bmatrix} \ddot{z}_c, & F_{dyn}, & z_c - z_w \end{bmatrix}^T$ where $F_{dyn} = c_w (z_g - z_w)$ denotes the dynamic wheel load. With the control input $u(t) = F(t)$ and disturbance input $u_d(t) = \dot{z}_g(t)$, the quarter-car model can be expressed as a state space model in the form

$$\dot{\mathbf{x}} = \mathbf{A}\mathbf{x} + \mathbf{b}u + \mathbf{e}u_d \;, \qquad \mathbf{y} = \mathbf{C}\mathbf{x} + \mathbf{d}u \;, \tag{1}$$

where

$$\mathbf{A} = \begin{bmatrix} 0 & 1 & 0 & -1 \\ -\frac{c_c}{m_c} & -\frac{d_c}{m_c} & 0 & \frac{d_c}{m_c} \\ 0 & 0 & 0 & 1 \\ \frac{c_c}{m_w} & \frac{d_c}{m_w} & -\frac{c_w}{m_w} & -\frac{d_c}{m_w} \end{bmatrix}, \mathbf{b}= \begin{bmatrix} 0 \\ \frac{1}{m_c} \\ 0 \\ -\frac{1}{m_w} \end{bmatrix}, \mathbf{e}= \begin{bmatrix} 0 \\ 0 \\ -1 \\ 0 \end{bmatrix}, \tag{2}$$

$$\mathbf{C} = \begin{bmatrix} -\frac{c_c}{m_c} & -\frac{d_c}{m_c} & 0 & \frac{d_c}{m_c} \\ 0 & 0 & -c_w & 0 \\ 1 & 0 & 0 & 0 \end{bmatrix}, \mathbf{d}= \begin{bmatrix} \frac{1}{m_c} \\ 0 \\ 0 \end{bmatrix}. \tag{3}$$

The measured signals used for control are

$$\mathbf{y}_m = \begin{bmatrix} \ddot{z}_c, & \ddot{z}_w, & z_c - z_w \end{bmatrix}^T . \tag{4}$$

The model parameters are given in Table 1.

Table 1: Notation and parameter values for the quadricycle suspension

Model parameter	Symbol	Value	Unit
Quarter vehicle chassis mass (sprung mass)	m_c	90	[kg]
Wheel assembly mass (unsprung mass)	m_w	24	[kg]
Suspension spring stiffness	c_c	8398	[N/m]
Tire stiffness	c_w	148590	[N/m]
Sprung mass damping coefficient	d_c	771	[Ns/m]
Undamped uncoupled natural frequency of the sprung mass	f_c	1.5	[Hz]
Uncoupled natural frequency of the unsprung mass	f_w	12.5	[Hz]

3.3 Performance requirements

In order to ensure maximum ride comfort, the root mean square (rms) value of the vertical chassis acceleration $\|\ddot{z}_c\|_{rms}$ is to be minimized. The human sensitivity for vibration is frequency dependent and the most sensitive frequency range for mechanical excitation is $4-8\,\text{Hz}$ [2]. Therefore, a fifth order shaping filter $G_c(j\omega)$ with an amplitude characteristic as depicted in Figure 4 according to [2], and a state space representation

$$\dot{\mathbf{x}}_f = \mathbf{A}_f\mathbf{x}_f + \mathbf{b}_f\ddot{z}_c\,, \quad \ddot{z}_{c,f} = \mathbf{c}_f^T\mathbf{x}_f \tag{5}$$

is introduced.

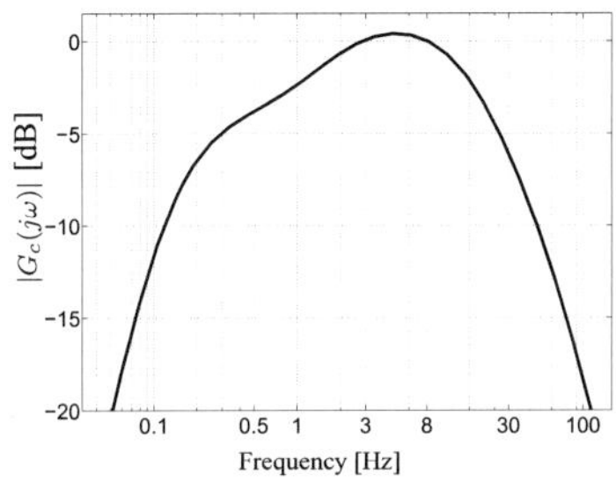

Figure 4: Amplitude characteristic of the shaping filter $G_c(j\omega)$ [2].

An augmented plant model with state vector $\mathbf{x}_{aug} = \begin{bmatrix} \mathbf{x}^T, & \mathbf{x}_f^T \end{bmatrix}^T$ is used to incorporate the shaping filter in the controller design (Section 4) such that the controlled variables are

$$\mathbf{y}_p = \begin{bmatrix} \ddot{z}_{c,f}, & \ddot{z}_c, & F_{dyn}, & z_c - z_w \end{bmatrix}^T . \tag{6}$$

With $\mathbf{h} = \begin{bmatrix} 0 & 1 & 0 & 0 \end{bmatrix}$ the augmented plant model becomes

$$\dot{\mathbf{x}}_{aug} = \underbrace{\begin{bmatrix} \mathbf{A} & \mathbf{0} \\ \mathbf{b}_f\mathbf{h}\mathbf{A} & \mathbf{A}_f \end{bmatrix}}_{\mathbf{A}_{aug}} \mathbf{x}_{aug} + \underbrace{\begin{bmatrix} \mathbf{b} \\ \mathbf{b}_f\mathbf{h}\mathbf{b} \end{bmatrix}}_{\mathbf{b}_{aug}} u + \underbrace{\begin{bmatrix} \mathbf{e} \\ \mathbf{0} \end{bmatrix}}_{\mathbf{e}_{reg}} u_d \quad , \tag{7}$$

$$\mathbf{y}_p = \underbrace{\begin{bmatrix} \mathbf{0} & \mathbf{c}_f^T \\ \mathbf{C} & \mathbf{0} \end{bmatrix}}_{\mathbf{C}_{aug}} \mathbf{x}_{aug} + \underbrace{\begin{bmatrix} \mathbf{0} \\ \mathbf{d} \end{bmatrix}}_{\mathbf{d}_{aug}} u\,. \tag{8}$$

Safety requirements

For stochastic road excitation the dynamic wheel load's rms value should be bounded as follows[1]

$$\max\left(\|F_{dyn}\|_{rms}\right) \leq \Gamma_{var} = \frac{F_{stat}}{3}\,, \tag{9}$$

where $F_{stat} = g\,(m_c + m_w)$ denotes the static wheel load. To ensure safety for singular excitation events like potholes which may not immediately be reflected in the rms value of the

[1] This is derived from the 3σ-rule and assures - a normally distributed stochastic disturbance signal assumed - that F_{dyn} remains within the bounds $\pm F_{stat}$ for 99.7% of the time, [17].

dynamic wheel load, the primary control objective should change from comfort to safety, i.e. dynamic wheel load limitation, if

$$\frac{|F_{dyn}|}{F_{stat}} \geq \Gamma_{sing} = 0.75\ . \tag{10}$$

Requirements on suspension deflection
The maximum suspension deflection for the testrig configuration is $\max\left(|z_w - z_c|\right) = 0.05\,\text{m}$.

3.4 Actuator modelling

The actuator used for the active suspension system is a linear synchronous motor which is current controlled by its frequency converter. The linear motor can produce rms forces of $\max\left(\|F\|_{rms}\right) = 800\,\text{N}$ and peak forces of $|\hat{F}| = 4\,\text{kN}$. The force is controlled by a voltage signal u_v with $-10\,\text{V} \leq u_v \leq 10\,\text{V}$.
For the modelling of the actuator, system identification techniques are used [10]. From its step response a time-delay of $T_d \approx 3.6\,\text{msec}$ has been identified and included in the actuator model using a first order Padé approximation

$$\exp^{-sT_d} \approx \frac{1}{T_d s + 1}\ . \tag{11}$$

The identification result is a linear second order model for the actuator dynamics which can be represented as a state space model using two additional states v_1 and v_2 as follows

$$\begin{bmatrix} \dot{v}_1 \\ \dot{v}_2 \end{bmatrix} = \begin{bmatrix} a_{act} & 0 \\ \frac{1}{T_d} & -\frac{1}{T_d} \end{bmatrix} \begin{bmatrix} v_1 \\ v_2 \end{bmatrix} + \begin{bmatrix} b_{act} \\ 0 \end{bmatrix} u_v\ , \tag{12}$$

$$F = \begin{bmatrix} 0 & c_{act} \end{bmatrix} \begin{bmatrix} v_1 \\ v_2 \end{bmatrix}\ , \tag{13}$$

where a_{act}, b_{act}, c_{act} are real constants and u_v is a voltage control input for the actuator's frequency converter. Due to the actuator design, the resulting force F is proportional to the actuator current i_q, which can be measured. Figure 5 shows the comparison between measured data and the model output.

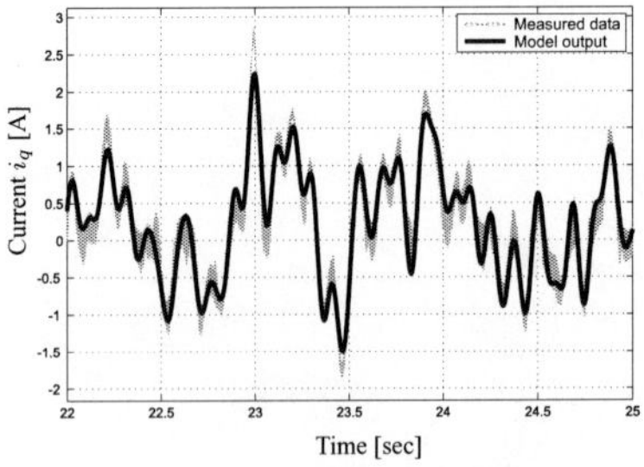

Figure 5: Validation of the actuator model with current measurement data

4 Controller Design

For the controller design, the state space model in (8) is extended by the actuator model. The state vector of the resulting model of order 11 is given by $\mathbf{x}_c = \begin{bmatrix} \mathbf{x}_{aug}^T, & v_1, & v_2 \end{bmatrix}^T$ and the notation of the corresponding model is

$$\dot{\mathbf{x}}_c = \mathbf{A}_c\mathbf{x}_c + \mathbf{b}_c u_v + \mathbf{e}_c u_d \,, \qquad \mathbf{y}_p = \mathbf{C}_c\mathbf{x}_c \,. \tag{14}$$

The goal is to design a controller that provides good ride comfort as long as the dynamic wheel load is below the safety critical bounds formulated in Section 3.3. Therefore, a switching controller structure is designed which schedules smoothly between different output feedback controllers depending on the dynamic wheel load that is estimated by a Kalman filter. Asymptotic stability of the switching controller structure is guaranteed for the linear system using a common quadratic Lyapunov function for all resulting closed loop control configurations.

4.1 Wheel load estimation

Measurement of all state variables of the vehicle suspension would require special sensors. Therefore, for the control of the active suspension output feedback is used. Additionally, a Kalman filter is used to estimate the dynamic wheel load that is needed to schedule the controller adaptation. The dynamic wheel load is estimated from the measurement data $\mathbf{y}_m$. The measurement signals resemble a realistic sensor configurations in cars (see Sections 2 and 3.2). For the wheel load estimation, the nonlinear characteristic of the damper has been separated from the Kalman filter structure (Figure 6) by considering the damping force as an external input for the Kalman filter [9]. The damping force is calculated from the estimated relative velocity between chassis and wheel mass and the damper's force-velocity charateristic, as well as the transmission factors i_d resulting from the geometry of the double wishbone configuration of the suspension.

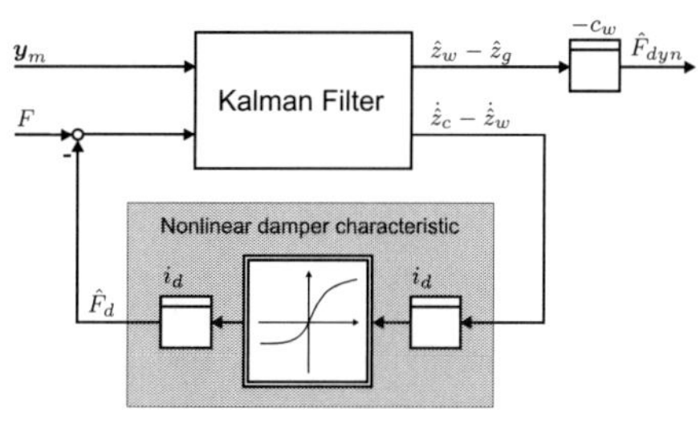

Figure 6: Kalman filter structure for the wheel load estimation

The estimation of the dynamic wheel load is compared to the measured wheel load at the testrig and a sufficiently good quality of the estimated signal can be seen (Figure 11 in Section 5). The other state variables will be estimated in future work by a Kalman filter as well but require more sophisticated methods for the Kalman filter design (see e.g. [14], [18]).

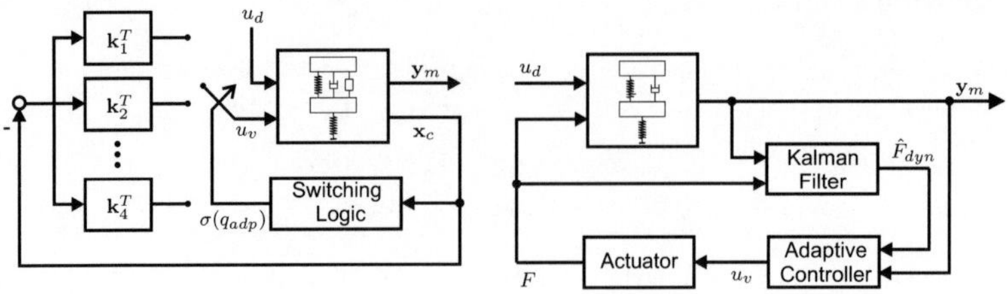

Figure 7: Adaptive controller structure and realization for the testrig

4.2 Switching controller structure

The switching controller structure shown in Figure 7 uses three LQR controllers and the passive system (to focus the minimization of the dynamic wheel load) and interpolates between them. First the three LQR controllers are designed assuming all states are available for feedback. The well known quadratic cost functional

$$J = \int_0^\infty \mathbf{y}_p^T \mathbf{Q}_{y,j} \mathbf{y}_p + u_v^T R_j u_v dt \; , \tag{15}$$

with the weighting matrices $\mathbf{Q}_{y,j} = \mathbf{Q}_{y,j}^T \geq 0$ for the weighting of the performance outputs and $R_j > 0$ is used to design the controllers [11]. The weighting matrices are chosen iteratively using simulations with different measured road profile signals.
Because not every state is measured and thus some states are not available for feedback, output feedback approximations of the three LQR controllers are used for the implementation of the adaptive controller structure at the testrig (see Figure 7). The measured signals used for control are included in $\mathbf{y}_m$ according to (4). By using an offline least squares optimization routine, a set of output feedback vectors $\mathbf{k}_{y,j}^T, j \in [1,4]$ is constructed such that the resulting control signals $u_{y,j} = -\mathbf{k}_{y,j}^T \mathbf{y}_m$ matches the state feedback control signals $u_{x,j} = -\mathbf{k}_{x,j}^T \mathbf{x}_c$ sufficiently well (see Figure 8).

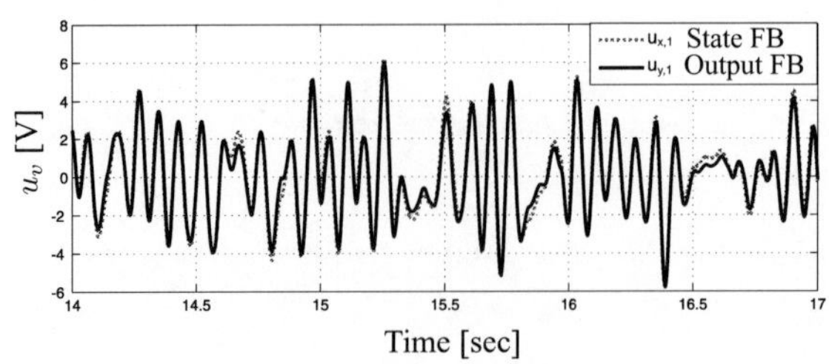

Figure 8: Output feedback approximation of state feedback control signals.

The active controller is chosen by linearly interpolating between the three LQR controllers and the passive suspension system ($\mathbf{k}_{y,4}^T = \mathbf{0}$) according to the dynamic wheel load.

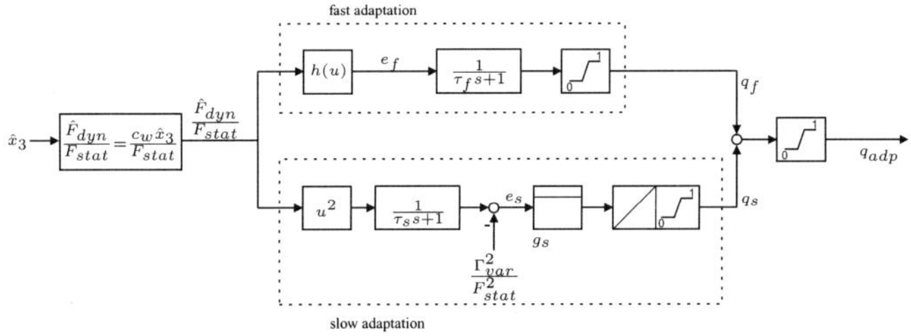

Figure 9: Wheel load adaptation structure

4.3 Wheel load dependent controller adaptation

An adaptation logic is designed based on [16] and [5], which calculates the scheduling parameter $q_{adp}(t)$ such that slow variations of the dynamic wheel loads, i.e. changes of its rms value, and rapid increases of the wheel load are taken into account. While the latter is realized by the upper branch (fast adaptation) in the block diagram shown in Figure 9, the variance of the dynamic wheel load is approximated by the slow adaptation part (lower branch) in the block diagram in Figure 9. The fast adaptation leads to rapid increases of the scheduling parameter q_{adp} if $\frac{|F_{dyn}|}{F_{stat}} \geq 0.75$ holds according to the performance requirement regarding the dynamic wheel load described in Section 3.3. This is realized by the nonlinear scaling function $h\left(\frac{F_{dyn}}{F_{stat}}\right)$ constructed from a fourth order polynomial depicted in Figure 10.

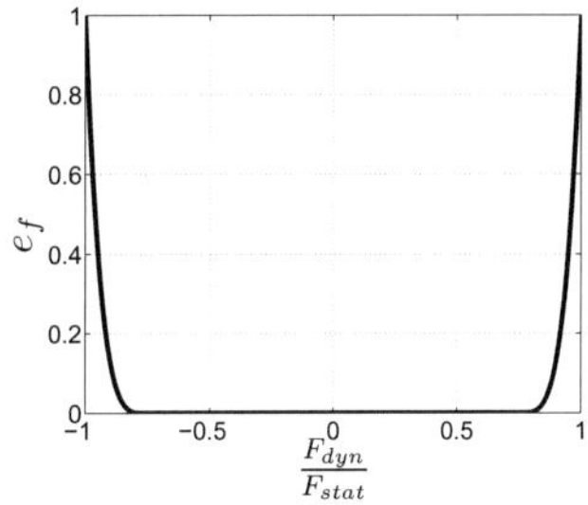

Figure 10: Nonlinear scaling function $h(\frac{F_{dyn}}{F_{stat}})$ for fast wheel load adaptation

The resulting scheduling parameter is $q_{adp}(t) = \min(1, q_s(t) + q_f(t))$. While $q_{adp}(t)$ remains close to zero, the most comfort oriented controller $\mathbf{k}_{y,1}^T$ is active. If $q_{adp}(t)$ grows, it indicates higher dynamic wheel loads and a more safety oriented controller is activated. With $q_{adp} \approx 1$ the control action vanishes and the suspension is working passively with the focus on wheel load minimization.

Hence, the active output feedback controller is calculated according to the following interpolation scheme

$$\mathbf{k}_y^T = (1 - l(q_{adp}))\,\mathbf{k}_{y,i}^T + l(q_{adp})\mathbf{k}_{y,i+1}^T\,, \quad i(q_{adp}) \in [1, 3]\,. \tag{16}$$

where $l(q_{adp})$ denotes a function with a co-domain of $[0,1]$ that indicates in which interval of the scheduling parameter range the single controllers are active.

4.4 Stability analysis

Although every controller described Section 4.3 results in an asymptotically stable control loop, it has to be analyzed if fast interpolation between the controllers does not destabilize the system. For this purpose a common quadratic Lyapunov-function (CQLF) in the form

$$V(\mathbf{x}_c) = \mathbf{x}_c^T \mathbf{P} \mathbf{x}_c \tag{17}$$

with $V(\mathbf{0}) = 0$, $V(\mathbf{x}_c) > 0$, $\dot{V}(\mathbf{x}_c) < 0$, $\dot{V}(\mathbf{0}) = 0$ and $\mathbf{P} = \mathbf{P}^T > \mathbf{0}$ (see e.g. [15]) which holds for every resulting closed loop system is numerically calculated.
If a matrix $\mathbf{P}$ can be found such that these equations are fullfilled, the equilibrium $\mathbf{x}_c = \mathbf{0}$ of the switched system is uniformly asymptotically stable [15]. For numerical stability analysis, the Lyapunov function and the condition for $\mathbf{P}$ have been formulated as a pair of linear matrix inequalities (LMI) for every closed loop system matrix $\mathbf{A}_{cl,j} = \mathbf{A}_c - \mathbf{b}_c \mathbf{k}_{x,j}^T$ of the switched active suspension system

$$\left(\mathbf{A}_{cl,j}^T \mathbf{P} + \mathbf{P} \mathbf{A}_{cl,j}\right) < \mathbf{0} \quad \text{for} \quad j \in \{1, ..., 4\} \tag{18}$$

$$\mathbf{P} = \mathbf{P}^T > \mathbf{0} \,. \tag{19}$$

These equations are solved numerically. Switching between controllers within each subset thus results in an asymptotically stable system for arbitrary switching signals $\sigma(q_{adp})$ as the Lyapunov function is a common quadratic Lyapunov function for all systems within the subset [7]. For the dynamic matrices resulting from the output feedback approximations of the state feedback controllers a CQLF has also been calculated numerically.

4.4.1 Soft switching

Switching between the suspension controllers with a noncontinuous switching function $\sigma\left(q_{adp}\right)$ would cause discontinuities in the control signal and the output signal $\ddot{z}_c$ which would lead to ride comfort degradation. To avoid these discontinuities, "soft" switching by interpolating between the controllers via the scheduling variable $q_{adp}\left(t\right)$ is realized (compare (15)). Hence, the stability for linear interpolation between the state feedback controllers is analyzed as follows.

Theorem 1. *If two closed loop system matrices* $\mathbf{A}_1$ *and* $\mathbf{A}_2$ *resulting from control loops with different state feedback controllers* $\mathbf{K}_1$ *and* $\mathbf{K}_2$ *for the same open loop system matrix* $\mathbf{A}_{ol}$ *have a CQLF characterized by* $\mathbf{P} : \mathbf{P} = \mathbf{P}^T > \mathbf{0}$*, the system matrix*

$$\mathbf{A}_{cl} = \mu \mathbf{A}_1 + (1-\mu)\mathbf{A}_2 \,, \quad 0 \le \mu \le 1 \tag{20}$$

being a linear interpolation of $\mathbf{A}_1$ *and* $\mathbf{A}_2$ *has the same CQLF characterized by* $\mathbf{P}$.

Proof. A CQLF of the two closed loop systems is defined by

$$\exists \mathbf{P} : \mathbf{A}_i^T \mathbf{P} + \mathbf{P} \mathbf{A}_i < \mathbf{0} \,, \quad \mathbf{P} = \mathbf{P}^T > \mathbf{0} \quad \forall i \in \{1,2\} \,. \tag{21}$$

If we add the scaled Lyapunov functions for the closed loop system matrices we get

$$\mu \underbrace{\left(\mathbf{A}_1^T \mathbf{P} + \mathbf{P} \mathbf{A}_1\right)}_{<\mathbf{0}} + (1-\mu) \underbrace{\left(\mathbf{A}_2^T \mathbf{P} + \mathbf{P} \mathbf{A}_2\right)}_{<\mathbf{0}} < \mathbf{0} \,. \tag{22}$$

For state feedback $\mathbf{u} = -\mathbf{K}_i\mathbf{x},\ i \in \{1, 2\}$, the closed loop system matrices have the form $\mathbf{A}_i = \mathbf{A}_{ol} - \mathbf{B}\mathbf{K}_i$. Hence, (21) can be rewritten as

$$\mathbf{A}_{ol}^T\mathbf{P} - (\mu\mathbf{K}_1 + (1-\mu)\,\mathbf{K}_2)^T\,\mathbf{B}^T\mathbf{P} + \mathbf{P}\mathbf{A}_{ol} - \mathbf{P}\mathbf{B}\,(\mu\mathbf{K}_1 + (1-\mu)\,\mathbf{K}_2) < \mathbf{0}\,. \qquad (23)$$

Considering that linear interpolation between the controllers $\mathbf{K}_i$ would result in the state feedback gain matrix $\tilde{\mathbf{K}} = \mu\mathbf{K}_1 + (1-\mu)\,\mathbf{K}_2$, (22) can be transformed into

$$\left[\mathbf{A}_{ol} - \mathbf{B}\tilde{\mathbf{K}}\right]^T\mathbf{P} + \mathbf{P}\left[\mathbf{A}_{ol} - \mathbf{B}\tilde{\mathbf{K}}\right] < \mathbf{0}\,. \qquad (24)$$

Therefore, the resulting closed loop system is asymptotically stable for arbitrary fast linear interpolations between two state feedback gain matrices if a CQLF exists for the corresponding closed loop system matrices. □

5 Experimental results

The adaptive controller structure is implemented at the testrig and tested using a measured real road profile as excitation signal. The measurement results are compared with the passive suspension system and the results of a linear time-invariant LQR controller ($\mathbf{k}_{y,3}^T$) that represents a compromise between comfort and safety (see Figure 11). The dynamic wheel load is well estimated (upper right of Figure 11) and is used to calculate the scheduling parameter q_{adp}.

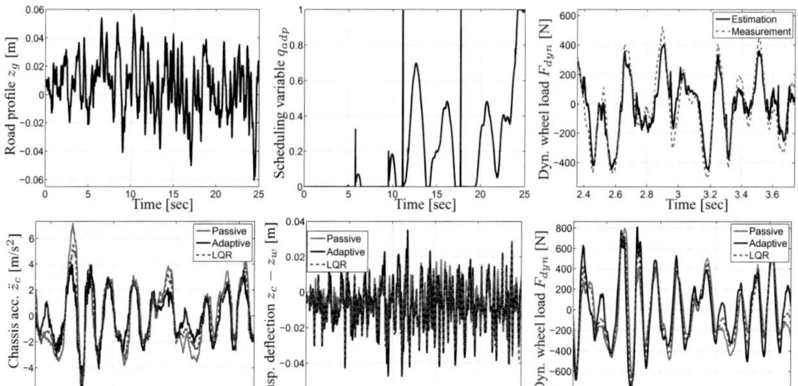

Figure 11: Experimental results

The vertical body acceleration can be lowered in case of the adaptive control as the scheduling variable q_{adp} is close to zero (here displayed exemplarily in the time-interval from 5.5 to 7 seconds). However, the dynamic wheel load is only slightly higher in the same time interval than that of the passive suspension. In order to prevent exceeding the limit for the dynamic wheel load's rms value ($\Gamma_{var} = 373$N) with the adaptive controller, a more safety oriented controller is chosen for $t \geq 22$ sec due to the increase of q_{adp}. The suspension deflection remains below its maximum amplitude of 5 cm for all suspension configurations considered here.

Table 2: Quantitative experimental results

Variable	Unit	Passive	LQR	Adaptive
$\|\|\ddot{z}_{c,f}\|\|_{\mathrm{rms}}$	$\frac{\mathrm{m}}{\mathrm{s}^2}$	2.94	2.44	2.12
$\|\|\ddot{z}_c\|\|_{\mathrm{rms}}$	$\frac{\mathrm{m}}{\mathrm{s}^2}$	2.96	2.45	2.14
$\|\|F_{dyn}\|\|_{\mathrm{rms}}$	N	361.4	338.95	349.6
$\|\|F_{act}\|\|_{\mathrm{rms}}$	N	-	115.33	182.43
$\max(\|F_{act}\|)$	N	-	516.47	1010.00
$\max(\|z_c - z_w\|)$	m	0.0355	0.0399	0.0473

The quantitative measurement results are shown in Table 2 and a significant comfort increase of up to 28% in an rms sense of $\ddot{z}_{c,f}$ can be seen when the adaptive suspension system is compared to the passive suspension. The comparison with the time-invariant LQR controller shows lower vertical chassis accelerations with the adaptive control configuration with only slightly higher dynamic wheel loads but requires higher control forces. The actuator rms forces are however well below 200N and even the peaks do not significantly exceed 1kN.

6 Conclusion and Outlook

An adaptive switching controller structure that interpolates smoothly between LQR controllers depending on the dynamic wheel load has been presented. The controller structure thereby eases the conflicting objectives ride comfort (characterized by low vertical body acceleration) and safety (characterized by low dynamic wheel load) of a vehicle suspension. Asymptotic stability is ensured for the switching control system by a common quadratic Lyapunov function for all resulting closed loop systems of the adaptive controller structure. The dynamic wheel load which is used for the calculation of the scheduling parameter is estimated using a Kalman filter.

The controller structure has been tested experimentally under very realistic conditions (e.g. excitation with a real measured road profile) on a quarter vehicle testrig based on a quadricycle suspension system. The results have been compared with the passive suspension as well as a linear time-invariant LQR controller. While the dynamic wheel load and the suspension deflection remain below critical bounds, a comfort increase of 28% (reduction of the filtered vertical body acceleration's rms value) has been achieved compared to the passive suspension system.

The controller structure can be easily extended by taking into account further scheduling parameters like the suspension deflection (as shown in [5]) or the vehicle velocity for the adaptation. This will be investigated in future work as well as the optimization of the Kalman filter to allow the use of state feedback for control. Moreover, the nonlinearity of the damper characteristic will be incorporated in the controller design with a matched uncertainty approach (compare [8]) and an optimization procedure will be used for the design of the LQR controllers.

References

[1] D. Hrovat. Survey of advanced suspension developments and related optimal control applications. *Automatica*, 33(10):1781–1817, 1997.

[2] ISO. *ISO 2631-1:1997 - Mechanical vibration and shock – Evaluation of human exposure to whole-body vibration.* International Standard Organization, 1997.

[3] W. D. Jones. Easy ride - Bose corp. uses speaker technology to give cars adaptive suspension. *IEEE Spectrum*, 5:12 – 14, 2005.

[4] D. Karnopp. Theoretical limitations in active vehicle suspensions. *Vehicle System Dynamics*, 15:41 – 54, 1986.

[5] G. Koch, K. J. Diepold, and B. Lohmann. Multi-objective road adaptive control of an active suspension system. *Motion and Vibration Control - Selected papers from MOVIC 2008*, pages 189 – 200, 2008.

[6] G. Koch, O. Fritsch, and B. Lohmann. Potential of low bandwidth active suspension control with continuously variable damper. In *Proceedings of the 17th IFAC World Congress*, 2008.

[7] D. Liberzon and A. S. Morse. Basic problems in stability and design of switched systems. *IEEE Control Systems Magazine*, 19:59 – 70, 1999.

[8] Olbrot A. W. Lin, F. An LQR approach to robust control of linear systems with uncertain parameters. *Proc. of the 35th IEEE Conference on Decision and Control*, 1996.

[9] O. Lingärde. Kalman filtering in semi-active suspension control. In *Proceedings of the 15th Triennial World Congress*, 2002.

[10] L. Ljung. *System Identification - Theory for the user.* Prentice Hall, USA, 1999.

[11] G. Ludyk. *Theoretische Regelungstechnik 2.* Springer, Berlin, 1995.

[12] M. Mitschke and H. Wallentowitz. *Dynamik der Kraftfahrzeuge.* Springer, Berlin, 2004.

[13] M. Pyper, W. Schiffer, and W. Schneider. *ABC - Active Body Control.* Verlag Moderne Industrie, Augsburg, 2003.

[14] R. Rajamani and J. K. Hedrick. Adaptive observers for active automotive suspensions: Theory and experiment. *IEEE Transactions on Control Systems Technology*, 3(1):86 – 93, 1995.

[15] J. J. E. Slotine and W. Li. *Applied Nonlinear Control.* Prentice Hall, Englewood Cliffs, New Jersey, 1991.

[16] P. Venhovens. *Optimal Control of Vehicle Suspensions.* PhD thesis, Delft University of Technologie, Faculty of Mechanical Engineering, 1993.

[17] P. H. Wirsching, T. L. Paez, and K. Ortiz. *Random Vibrations – Theory and Practice.* John Wiley and Sons, Inc., New York, 1995.

[18] F. Yu and Crolla D. A. State observer design for an adaptive vehicle suspension. *Vehicle System Dynamics*, 30:457 – 471, 1998.

Antriebskoordinator am Beispiel eines Parallelhybridfahrzeugs

Andreas Michalka
Lehrstuhl für Regelungstechnik, Universität Erlangen-Nürnberg
Cauerstr. 7, 91058 Erlangen
E-Mail: andreas.michalka@rt.eei.uni-erlangen.de

In diesem Beitrag wird ein fahrerorientierter Ansatz für die Softwarestruktur zur Steuerung und Regelung von Kraftfahrzeugantriebssträngen vorgestellt und am Beispiel Parallelhybridfahrzeug angewendet. Die vom Fahrer vorgegebene Fahrpedalstellung wird dabei nicht wie bisher üblich als Motormoment bzw. Drosselklappenstellung interpretiert, sondern dem Gesamt-Vortriebsmoment der Antriebsräder zugeordnet. Dadurch wird eine Trennung zwischen Fahrervorgaben und deren Realisierung durch die vorhandenen Antriebsstrangelemente erreicht, die sich bei Hybridfahrzeugen mit mehreren Motoren als besonders günstig erweist. Anhand von Simulationen für Fahrzyklen sowie für Konstantfahrten wird die erreichte Energieeinsparung dargestellt.

1 Einleitung

Der weltweite Verbrauch an Rohöl hat sich in den letzten 35 Jahren fast verdoppelt, wobei der Straßenverkehr mit 50% einen großen Anteil am Gesamtverbrauch einnimmt (siehe [1]). Die Verbrennung fossiler Brennstoffe wirkt sich nicht nur schädlich auf die Klimaentwicklung aus, sondern Erdöl stellt zudem einen Rohstoff für viele Produkte unserer modernen Industriegesellschaft dar. Die Erhöhung der Gesamteffizienz von Fahrzeugantrieben bietet also in diesem wichtigen Bereich großes Einsparpotenzial. Trotzdem haben bisher Alternativen zum Verbrennungsmotor kaum nennenswerte Marktanteile. Setzt man als Fernziel die CO_2-neutrale Mobilität, so kann auf dem Weg dorthin schrittweise die Gesamteffizienz der Fahrzeugantriebe durch Zusatzmaßnahmen zum rein verbrennungsmotorischen Antrieb gesteigert werden. Als Beispiel, das zunehmend an Bedeutung gewinnt, sind die sogenannten Hybridfahrzeuge zu nennen. Darunter wird eine Ergänzung des Verbrennungsmotors durch elektrische Antriebe verstanden, wobei hier eine Vielzahl unterschiedlicher Konfigurationen möglich ist. Einhergehend mit einer Gesamtwirkungsgradverbesserung wird die Entwicklung wirtschaftlicher E-Antriebe für Kraftfahrzeuge vorangetrieben, so dass die Entwicklungen auch im Bereich des rein elektrischen Fahrens genutzt werden können.

Durch die zusätzlichen Freiheitsgrade in der Ansteuerung der drehmomenterzeugenden Fahrzeugelemente, den hohen Automatisierungsgrad und die Variantenvielfalt wird es notwendig, im Bereich der Antriebskoordination und Antriebsstrangsteuerung neue Konzepte zu entwickeln, die eine Serienentwicklung unter Berücksichtigung kurzer Entwicklungszeiten kostenoptimiert ermöglichen. In diesem Beitrag soll ein Antriebskoordinator vorgestellt werden, der allgemein auf unterschiedliche Antriebskonfigurationen anwendbar ist. Dabei wird eine Trennung zwischen den Sollvorgaben des Fahrers für das Antriebs- und Bremsverhalten des Fahrzeugs und der Koordination und Verteilung dieser Anforderung auf die Antriebsstrangelemente vorgenommen. Die Ansteuerung der momentenerzeugenden und -übertragenden Elemente kann dann wirkungsgradgünstig erfolgen, ohne dass sich die für den Fahrer spürbaren Fahrzeugreaktionen ändern.

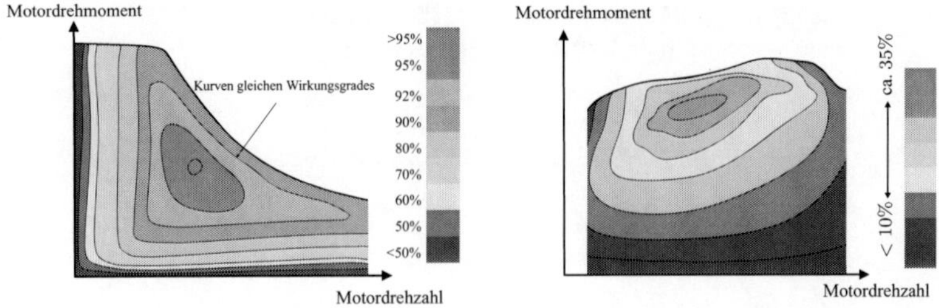

Abbildung 1: qualitative Wirkungsgradkennfelder von E-Motor (links) und Verbrennungsmotor (rechts)

Als beispielhafte Hybridkonfiguration wird ein Parallelhybridfahrzeug verwendet. Dabei sind der Verbrennungsmotor und eine permanenterregte Synchronmaschine in Reihe angeordnet, so dass sich die Drehmomente der beiden Maschinen kurbelwellenseitig addieren. Abbildung 1 zeigt qualitativ typische Wirkungsgradkennfelder eines Verbrennungsmotors und eines permanenterregten Synchronmotors. Dabei fällt auf, dass die Wirkungsgrade der E-Maschine die des Verbrennungsmotors in weiten Bereichen der Kennfelder deutlich übersteigen. Ziel der Verteilungsstrategie der Momentenanforderung des Fahrers auf die beiden Elemente muss es also vorwiegend sein, die E-Maschine so zu integrieren, dass sich über den Fahrzyklus ein gesteigerter mittlerer Wirkungsgrad des Gesamtsystems ergibt.

2 Antriebskoordinator

In diesem Abschnitt wird ein Ansatz für die Softwarestruktur zur Steuerung und Regelung von Kraftfahrzeugantriebssträngen vorgestellt. Die Entwicklung der Antriebsstränge im Kraftfahrzeug hin zu dem Fall, dass das Antriebsdrehmoment nicht mehr allein durch einen Verbrennungsmotor erzeugt wird (Hybridantriebsstrang), macht ein koordiniertes Vorgehen bei der energieeffizienten Verteilung der Momente auf die vorhandenen Antriebsmaschinen notwendig. Die bisher für konventionelle Fahrzeuge mit Verbrennungsmotor übliche Struktur, dargestellt in Abbildung 2, ist den Anforderungen der verteilten Antriebe nicht mehr gewachsen.

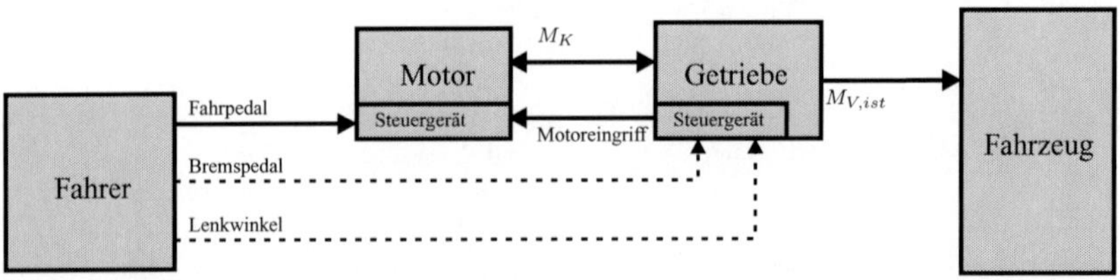

Abbildung 2: Industrieübliche Struktur zur Steuerung und Regelung von Antriebssträngen

Haupteinflussgröße auf das Antriebsverhalten von Seiten des Fahrers ist das Fahrpedal, mit dem historisch bedingt die Drosselklappe des Verbrennungsmotors bedient bzw. Motormoment vorgegeben wird. Bremspedal und Lenkwinkel spielen für das Antriebsverhalten bestenfalls zur Bestimmung von gewünschten Motorschleppmomenten bzw. günstigen Schaltzeitpunkten der

Getriebeübersetzung eine Rolle. Wendet man nun diese Struktur beispielsweise auf einen Antriebsstrang mit automatisiertem Getriebe an, so ergeben sich bei Übersetzungsänderungen entsprechende Momentenänderungen am Rad, die der Fahrer über Anpassung der Fahrpedalstellung ausgleichen muss, um beispielsweise ein gleichmäßiges Beschleunigen zu ermöglichen. Betrachtet man weiter Antriebsstränge mit mehreren Antriebsmaschinen, z.B. eine Hybridkonfiguration mit zusätzlichen Radnabenmaschinen an einer Achse, zeigt sich, dass die Zuordnung des Fahrpedals zum Moment eines Motors an ihre Grenzen stößt. Aus diesen Gründen wird zur Steuerung und Regelung allgemeiner Antriebsstränge, von solchen mit einem Verbrennungsmotor und Handschaltgetriebe bis hin zu Hybridkonfigurationen mit mehreren zusätzlichen Elektromaschinen die Struktur nach Abbildung 3 vorgeschlagen.

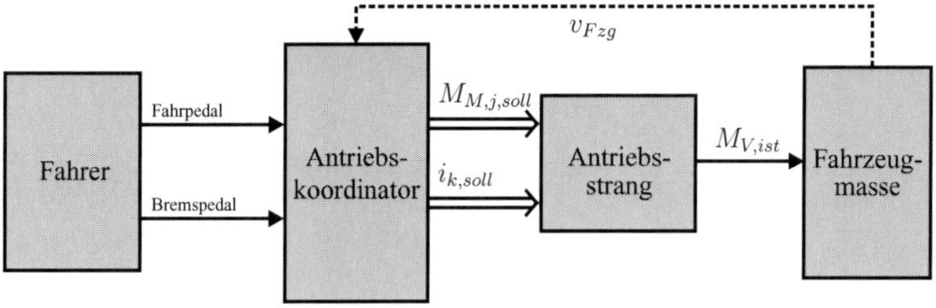

Abbildung 3: Softwarearchitektur zur Steuerung und Regelung von Antriebssträngen

Dabei wird die Zuordnung der vom Fahrer vorgegebenen Fahrpedalstellung zu Drosselklappe bzw. Motormoment aufgegeben und eine übergeordnete Softwareebene eingeführt. Diese übernimmt die Aufgabe der Koordination der vorhandenen Antriebsstrangelemente (siehe [2]), also die Wahl der Soll-Drehmomente der j Motoren und der Soll-Übersetzungen der k Getriebestränge. Die innere Struktur dieses sog. *Antriebskoordinators* zeigt Abbildung 4.

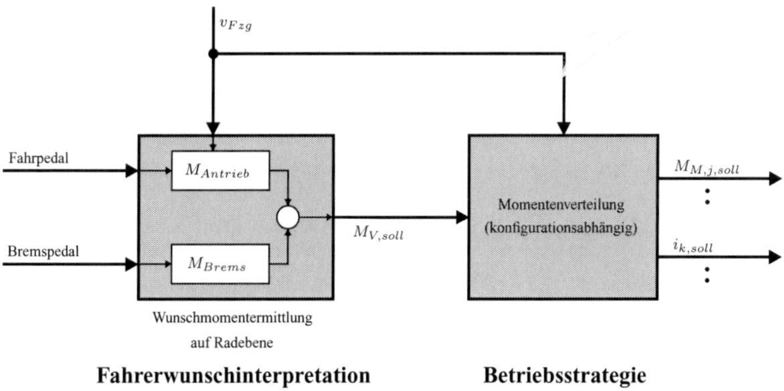

Abbildung 4: innere Struktur des Antriebskoordinators

Als erste Aufgabe des Antriebskoordinators ergibt sich die sog. *Fahrerwunschinterpretation*, worin eine Zuordnung von Fahrpedalstellung und -bewegung (und des Bremspedals, falls das Hybridkonzept z.B. eine Realisierung von Bremsmomenten durch Rekuperation mit den elek-

trischen Maschinen zulässt) zum Summenvortriebsmoment $M_{V,soll}$ des Fahrzeugs an den Antriebsrädern gemacht wird. Damit ist zwar das durch die vorhandenen Motoren an der Antriebsachse wirkende Gesamtdrehmoment festgelegt, nicht jedoch dessen Verteilung auf die verschiedenen Motoren und die Übersetzungen der Getriebe. Diese Größen können unter der Randbedingung, dass die Fahrervorgabe für das Vortriebsmoment $M_{V,soll}$ jederzeit erfüllt wird und damit keine Änderung der Vortriebskraft etwa durch Schaltung der Getriebeübersetzung mehr auftritt, beispielsweise nach Gesichtspunkten der Energieeffizienz gewählt werden.
Damit liegt die zweite Aufgabe des Antriebskoordinators fest, die sog. *Betriebsstrategie*, also die Verteilung des bereitzustellenden Drehmoments auf die verschiedenen Antriebsmaschinen und die Wahl der zugehörigen Getriebeübersetzung unter den im speziellen Fall vorgegebenen Optimierungskriterien. Diese können beispielsweise die Gesamtenergieeffizienz des Antriebs bei gegebener Fahrstreckencharakteristik darstellen.
Dieses allgemeine Konzept des Antriebskoordinators soll im nächsten Abschnitt an einem Beispiel konkretisiert werden.

3 Antriebskoordinator am Beispiel eines Parallelhybridfahrzeugs

Bevor die Struktur des Antriebskoordinators für das Beispiel Parallelhybrid vorgestellt wird, soll zunächst der Aufbau des Beispielfahrzeugs genauer betrachtet und ein Modell für die Beschreibung des Fahrvorgangs abgeleitet werden.

3.1 Antriebsstrangtopologie des Beispielfahrzeugs

Die Antriebsstrangkonfiguration des Parallelhybridfahrzeug ist in Abbildung 5 dargestellt ist.

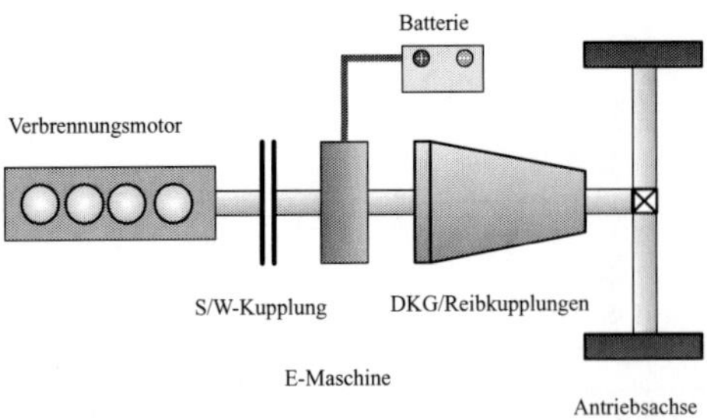

Abbildung 5: Parallelhybridantriebsstrang des Beispielfahrzeugs

Der Verbrennungsmotor wird in diesem Fall durch eine E-Maschine unterstützt, die als Ersatz des sonst üblichen Schwungrades zwischen Verbrenner und Reibkupplungen des verwendeten Doppelkupplungsgetriebes (DKG) angebracht ist. In dieser Konfiguration addieren sich die Drehmomente des Verbrennungsmotors und der Elektromaschine auf Kupplungsprimärseite. Zusätzlich ist eine Schwarz/Weiß-Kupplung vorhanden, mit der der Verbrennungsmotor zur Vermeidung von Schleppverlusten vom restlichen Antriebsstrang abgetrennt werden kann. In einer Batterie kann eine begrenzte Menge elektrische Energie zwischengespeichert werden und sie steht für den Motorbetrieb der Elektromaschine zur Verfügung. Zusätzlich wird ein Bremssystem eingesetzt, das die Verteilung eines über die Bremspedalstellung P_B angeforten Bremsmomentes zwischen den Radbremsen und dem generatorischen Betrieb der Elektromaschine ermöglicht.

3.2 Modell zur Beschreibung des Fahrvorgangs

Für die weiteren Überlegungen werden die Reibkupplungen nicht betrachtet. Diese befinden sich zwar beim Getriebetyp Doppelkupplungsgetriebe aus steuerungstechnischen Gründen meist in einem Betrieb mit geringem, quasi-konstantem Schlupf und bestimmen damit durch ihre Ansteuerung das übertragene Moment, jedoch kommt dieses Moment in den angesprochenen Fällen dem einer festen Wellenverbindung sehr nahe. Auch sollen die steuerungstechnischen Vorgänge, die während der kurzen Dauer einer Schaltung auftreten, in diesem Zusammenhang vernachlässigt werden. Setzt man damit voraus, dass die parallelen Teilgetriebe des DKG nur wechselweise zum Einsatz kommen und die Schaltzeiten kurz sind im Vergleich mit den Fahrzeiten im jeweiligen Gang, ergibt sich für das Parallelhybridfahrzeug ein einfaches Modell für die Darstellung des Fahrvorgangs, das in Abbildung 6 gezeigt ist.

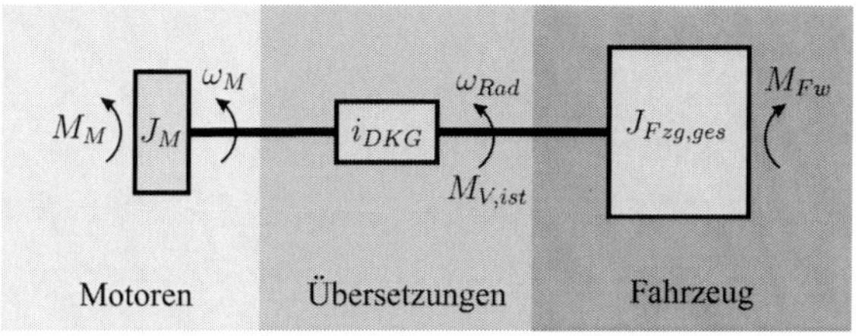

Abbildung 6: Modell zur Beschreibung des Fahrvorgangs

Die trägen Massen der rotierenden Teile werden dabei zu der vom Zustand X_K der Schwarz/Weiß-Kupplung abhängigen Rotationsträgheit $J_M\left(X_K\right)$ zusammengefasst. An dieser greift das Summenmoment $M_M = M_{VM} + M_{EM}$, bestehend aus dem Moment des Verbrennungsmotors M_{VM} und dem der Elektromaschine M_{EM} an. i_{DKG} beschreibt die Übersetzung des Teilgetriebes des DKG, das aktuell im Eingriff ist. In der Rotationsträgheit $J_{Fzg,ges}$ sind sowohl alle rotierenden Massen auf Kupplungssekundärseite, als auch die auf rotiernde Bewegung transformierte Trägheit der translatorisch bewegten Fahrzeugmasse zusammengefasst. An dieser Stelle greifen sowohl das Summenradmoment M_V als auch das Fahrwiderstandsmoment M_{Fw} an. Mit diesem einfachen Modell ergibt sich der Zusammenhang zwischen der vom Fahrer vorgegebenen Größe $M_{V,soll}$ und den vom Antriebsstrangkoordinator zu wählenden Größen M_{VM}, M_{EM} und i_{DKG} zu

$$M_{VM} + M_{EM} = i_{DKG} M_{V,soll}. \tag{1}$$

Damit sind einfache Gleichungen gegeben, die in Fahrerwunschinterpretation und Betriebsstrategie des Antriebskoordinators Verwendung finden.

3.3 Fahrerwunschinterpretation

Die erste Aufgabe des Antriebskoordinators besteht darin, aus den Fahrereingaben an den Bedienelementen des Fahrzeugs, in diesem Fall vor allem Fahrpedal und Bremspedal, den Vortriebswunsch des Fahrers zu extrahieren. Dazu können die zwei Zustände „Antreiben“ und

„Bremsen“ unterschieden werden, vorausgesetzt es besteht die Möglichkeit, das über die Bremspedalstellung P_B angeforderte Bremsradmoment ganz oder teilweise über Generatorbetrieb der Elektromaschine zu realisieren. In diesem Beitrag wird beispielhaft der Zustand „Antreiben“ betrachtet.

Wie weiter oben schon angesprochen, wird die historisch gewachsene Zuordnung der Fahrpedalstellung P_F zu Soll-Motormoment aufgegeben und stattdessen eine Verknüpfung mit dem Vortriebsmoment $M_{V,soll}$ hergestellt. Die Momentengrenzen für eine Vorgabe dieser Art hängen zum einen von den verwendeten Antriebsmaschinen und Getriebeübersetzungen ab und sind andererseits zudem fahrzeuggeschwindigkeitsabhängig. Abbildung 7 zeigt ein typisches Kennfeld.

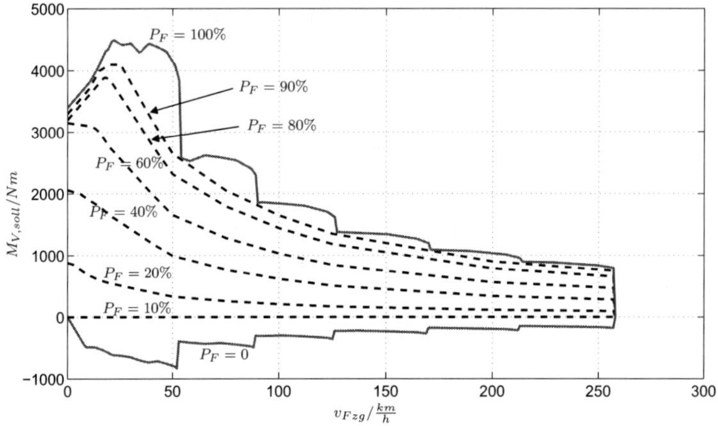

Abbildung 7: Vorgabe des Summenvortriebsmoments $M_{V,soll}$ durch den Fahrer

Die physikalischen Momentengrenzen des verwendeten Verbrennungsmotors bilden in diesem Fall die Einhüllende des Kennfelds. Hier sind deutlich Drehmomentcharakteristik des Verbrennungsmotors sowie Getriebestufung zu erkennen. Auf eine Berücksichtigung der Elektromaschine für die Momentenvorgabe wurde in diesem Beispiel verzichtet, da sich dadurch die Momentengrenzen batterieladezustandsabhängig verändern. Eine Berücksichtigung bietet jedoch weiteres Einsparpotenzial durch eine Downsizing-Möglichkeit des Verbrennungsmotors, allerdings werden dadurch auch die Fahrleistungen des Fahrzeugs bei niedrigem Batterieladezustand eingeschränkt.

Im Teillastbereich wird in diesem Beispiel ein komfortorientierter Verlauf von $M_{V,soll}$ über der Fahrzeuggeschwindigkeit v_{Fzg} realisiert (gestrichelte Kurven in Abbildung 7), womit Drehmomentverlauf des Motors und Getriebestufung hier nicht spürbar sind.

Ist also mit Hilfe dieses Kennfelds der zu P_F und v_{Fzg} gehörende Wert für $M_{V,soll}$ bestimmt, wird dieser der Betriebsstrategie übergeben.

3.4 Betriebsstrategie

Aufgabe der Betriebsstrategie ist es, unter der Randbedingung der Einhaltung des vom Fahrer gewünschten Summenradmoments $M_{V,soll}$, die Momentenverteilung auf die Antriebsmaschinen und die Wahl der Getriebeübersetzungen durchzuführen und dabei einen günstigen Gesamtwirkungsgrad zu erreichen. Für den Beispielantriebsstrang ist dazu die geeignete Übersetzung i_{DKG} sowie die Aufteilung des Summenantriebsmomentes M_M zwischen Verbrennungsmotor (M_{VM}) und E-Maschine (M_{EM}) zu wählen. Zur Wahl von i_{DKG} werden zunächst die im aktuellen Betriebspunkt ingesamt möglichen Werte hierfür bestimmt. Zur Verdeutlichung der Zusammenhänge ist in Abbildung 8 das gestrichelt dargestellte Kennfeld $M_{V,soll}\,(P_F, v_{Fzg})$ den durchgezogen dargestellten maximalen Radmomentverläufen $M_{V,max}\,(i_{DKG}, v_{Fzg})$, alleine durch den Verbrennungsmotor aufgebracht, gegenübergestellt.

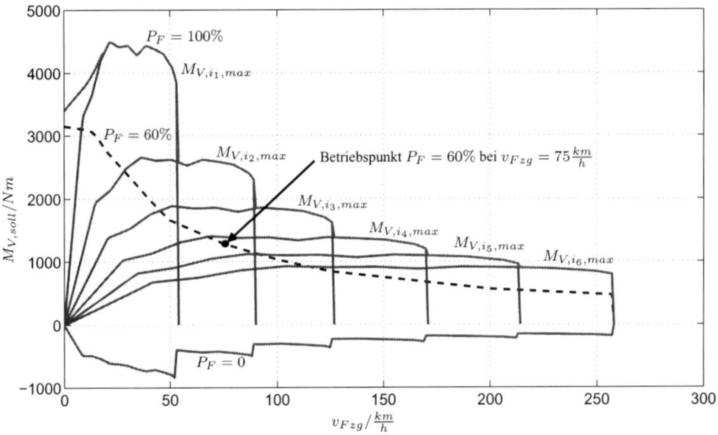

Abbildung 8: Bestimmung möglicher Gänge

Wird vom Fahrer beispielsweise bei $v_{Fzg} = 75\frac{km}{h}$ ein P_F von 60% vorgegeben, ergibt sich ein Vortriebsmoment $M_{V,soll}$, das mit Gang 1 aufgrund der Motordrehzahlbegrenzung nicht mehr realisierbar ist. Dieser Gang kann also ausgeschlossen werden.

Weiterhin zeigt Abbildung 8, dass ohne Berücksichtigung der Elektromaschine das gewünschte $M_{V,soll}$ unterhalb der maximalen Vortriebsmomentenkurven der Gänge 2, 3 und 4 liegt und damit allein durch den Verbrennungsmotor, also auch im Dauerbetrieb, aufgebracht werden kann. Nimmt man jedoch zu den Betrachtungen die E-Maschine hinzu, wird das maximal mögliche Motormoment $M_{M,max}$ um das des Elektromotors erhöht, vorausgesetzt der Ladezustand der Batterie ist ausreichend hoch. Damit ergeben sich für jeden Gang k neue Grenzen des maximal auf Radebene realisierbaren Momentes $M_{V,i_k,max}$, die allerdings batterieladezustandsabhängig sind. So kann einerseits der Gesamtwirkungsgrad des Antriebs zeitweise erhöht werden, indem bei ausreichend hohem Ladezustand der Batterie ein Teil des benötigten Drehmomentes über den E-Motor aufgebracht wird. Damit ist in der Regel die Verwendung einer höheren Übersetzung i_{DKG} möglich, mit der $M_{V,soll}$ alleine durch das maximale Verbrennungsmotormoment nicht erreicht werden könnte. Andererseits kann zum Laden der Batterie wiederum ein niedrigerer Gang gewählt werden und der Verbrennungsmotor in diesem durch zusätzliche Belastung durch das Generatormoment ggf. in einem günstigeren Wirkungsgradpunkt betrieben werden. Das Auswahlverfahren der möglichen Gänge wird also für das Beispielfahrzeug mit Parallelhybridantriebsstrang ladezustandsabhängig erweitert.

Im Anschluss an die Bestimmung der möglichen Gänge wird unter Berücksichtigung des aktuellen Batterieladezustands für jede realisierbare Übersetzung eine Momentenverteilung zwischen Verbrennungsmotor und E-Maschine bestimmt und anschließend die günstigste Überset-

zung ausgewählt. Durch den begrenzten elektrischen Energiespeicher stellt dies ein Problem der Optimierung des mittleren Wirkungsgrads über einen vorgegebenen Fahrzyklus dar. Betrachtungen zum aktuellen Zeitpunkt sind hier nicht ausreichend. Eine Optimierung ist auch nur dann möglich, wenn Fahrstrecke und Geschwindigkeitsprofil im Voraus bekannt sind, was bei Kraftfahrzeugen meist nicht der Fall ist. Es muss also eine online berechenbare, vereinfachte Lösung für das Problem gefunden werden, die eine gute Ausnutzung der vorhandenen Antriebsstrangelemente verspricht.
Für die Simulationen wurde hier zunächst ein einfacher Ansatz gewählt, der sich an den möglichen Pfaden des Leistungsflusses im Antriebsstrang orientiert, dargestellt in Abbildung 9.

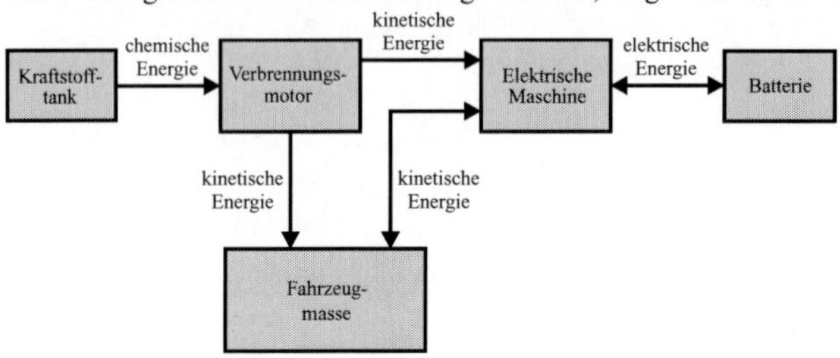

Abbildung 9: Leistungsfluss im betrachteten Parallelhybridantriebsstrang

Die gesamte Energie, die zur Fortbewegung des Fahrzeugs genutzt wird, wird im untersuchten Fall über den Ottokraftstoff zugeführt. Zum einen kann die chemische Energie über den Verbrennungsmotor direkt in kinetische Energie des Fahrzeugs umgesetzt werden, wobei in diesem Fall der Gesamtwirkungsgrad des Antriebs nur durch den Verbrennungsmotor bestimmt wird. Zum anderen kann der Verbrennungsmotor zusätzlich über die E-Maschine belastet und die Batterie geladen werden. Dieser Betrieb ist dann sinnvoll, wenn der Verbrennungsmotor dadurch in einen Betriebspunkt mit günstigerem Wirkungsgrad überführt werden kann.
Der größte Anteil an der Energieeinsparung durch dieses Hybridkonzept ist allerdings über den Pfad der Umwandlung kinetischer Energie des Fahrzeugs in elektrische Energie zu erwarten, also durch die Rekuperation von Bremsenergie, die bei konventionellen Fahrzeugen als Wärme in den Bremsen verloren geht.
Die Betriebsstrategie des Beispielfahrzeugs ist so ausgelegt, dass das geforderte Bremsmoment an der Antriebsachse so weit wie möglich über generatorischen Betrieb der E-Maschine erzeugt wird. Erst wenn die Momentengrenze des Generators erreicht ist, kommen die Radbremsen zum Einsatz. Zusätzlich wird bei Überschreiten einer oberen Ladezustandsgrenze der Verbrennungsmotor abgekoppelt und rein elektrisch gefahren. Ist eine untere Grenze des Ladezustands erreicht, wird in den Batterieladebetrieb übergegangen, in dem der Verbrennungsmotor über den Generator zusätzlich belastet wird und das Generatormoment und die Übersetzung i_{DKG} so gewählt werden, dass sich ein für diesen Betriebspunkt maximaler Verbrennungsmotorwirkungsgrad ergibt.

4 Simulationen

In diesem Abschnitt sollen Simulationsergebnisse diskutiert werden, die mit den beschriebenen Verfahren an der Beispielantriebsstrangkonfiguration erzielt wurden. Dabei kam ein einfaches Fahrzeugsimulationsmodell zum Einsatz, das die Fahrwiderstände abbildet. Untersuchungsgegenstand war dabei zum einen der neue euopäische Fahrzyklus (NEFZ) zur Bewertung des Durchschnittsverbrauchs von Kraftfahrzeugen, und zum anderen die spezielle Fahrsituation der Konstantfahrt, die auf den ersten Blick keinen großen Gewinn durch ein Hybridkonzept vermuten lässt. Zunächst wird jedoch eine Vergleichsgröße zur Bewertung der Simulationsergebnisse eingeführt.

4.1 Vergleichsgröße für Simulationsergebnisse

Zum Vergleich der Ergebnisse der unterschiedlichen Simulationen wird in diesem Beitrag auf die prozentuale Energieeinsparung G_{norm} gegenüber einer Vergleichsfahrt mit einem konventionell angetriebenen Fahrzeug zurückgegriffen, die definiert ist als

$$G_{norm} = \left(1 - \frac{E_{Netto,Hybrid}}{E_{Netto,konv}}\right) \cdot 100, \tag{2}$$

mit den in Form von Ottokraftstoff zugeführten Energien des Hybridfahrzeugs $E_{Netto,Hybrid}$ und des konventionellen Verbrennungsmotorfahrzeugs $E_{Netto,konv}$. Für das konventionell angetriebene Fahrzeug wurde eine um die Hybridelemente reduzierte Fahrzeugmasse angenommen. Bei der Interpretation von G_{norm} ist darauf zu achten, dass ein aussagekräftiger Wert für diese Größe nur vorliegt, wenn zwei Vergleichswerte bei gleichem Batterieladezustand herangezogen werden.

4.2 Simulationsergebnisse mit dem NEFZ

Im Folgenden werden Simulationsergebnisse betrachtet, die mit dem NEFZ erzielt wurden. Dabei wurde der Zyklus viermal hintereinander simuliert, um durch die starken Anfangsschwankungen der Integralgröße G_{norm} nicht zu große Ablesefehler der Ergebnisse zu erzeugen, die in Abbildung 10 dargestellt sind.

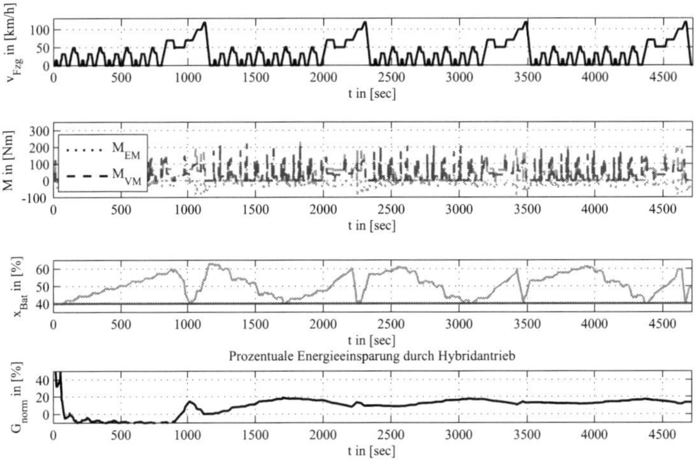

Abbildung 10: Simulationsergebnisse mit dem NEFZ

Insgesamt ergibt sich durch das Hybridkonzept hier eine Energieeinsparung von ca. 18%. Der NEFZ besteht dabei zu ca. zwei Dritteln aus Stadtanteilen und zu einem Drittel aus Überlandanteilen. Während sich bei Stadtfahrt die Betriebszustände des Rekuperierens von Bremsenergie schnell mit solchen des Ladebetriebs der Batterie und des rein elektrischen Fahrens abwechseln, spielt das rein verbrennungsmotorische Fahren durch die niedrigen Lastzustände eher eine untergeordnete Rolle. Im Überlandbetrieb steigen die Zeitanteile des verbrennungsmotorischen Fahrens an, da durch die höheren Fahrwiderstände ein insgesamt höheres Lastniveau vorliegt. Damit ist kaum noch Potenzial für Lastpunktverschiebungen vorhanden und die Leistung des verwendeten Elektromotors reicht für rein elektrisches Fahren nicht mehr aus.

4.3 Simulationsergebnisse bei Konstantfahrt

Mit den simulierten Konstantfahrten soll der Gewinn dargestellt werden, der durch Verschiebung des Lastpunktes des Verbrennungsmotors hin zu einem besseren Wirkungsgrad erzielt wird. Dazu werden die Fälle mit $v_{Fzg} = 50\frac{km}{h}$ und $v_{Fzg} = 100\frac{km}{h}$ aus den Abbildungen 11 und 12 verglichen.

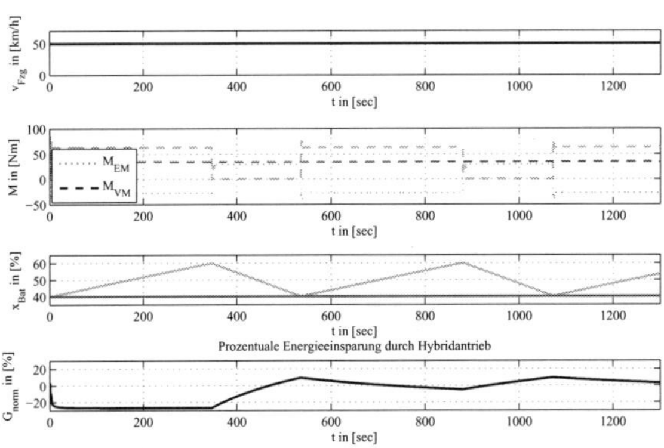

Abbildung 11: Simulationsergebnisse bei Konstantfahrt mit $v_{Fzg} = 50\frac{km}{h}$

Während sich bei einer Fahrzeuggeschwindigkeit von $50\frac{km}{h}$ bei entsprechend niedrigen Fahrwiderständen ein alternierender Betrieb zwischen Laden der Batterie - und damit Verschiebung des Verbrennerlastpunktes hin zu einem günstigeren Wirkungsgrad - und rein elektrischem Fahren mit einer Energieeinsparung von ca. 12 % ergibt, gibt der Antriebskoordinator mit der verwendeten Strategie bei $v_{Fzg} = 100\frac{km}{h}$ keinen Wechsel der Zustände mehr vor und es wird rein verbrennungsmotorisch gefahren. Damit ist hier G_{norm} mit ca. -3% negativ, was durch die höhere Fahrzeugmasse der Hybridkonfiguration begründet ist. Es lässt sich also folgern, dass für niedrige Geschwindigkeiten durch die geringen Fahrwiderstände die Lastpunktverschiebung eine so große Wirkungsgradverbesserung bewirkt, dass die zusätzlichen Verluste, die auf dem Umweg der Umwandlung zunächst in elektrische Energie mit Zwischenspeicherung und anschließender Rückumwandlung in kinetische Energie entstehen, mehr als ausgeglichen werden. Insgesamt zeigen die Simulationen mit diesem einfachen Ansatz einer Betriebsstrategie vielversprechende Ergebnisse, so dass eine Weiterführung dieser Thematik mit komplexeren Methoden zur Wirkungsgradoptimierung noch weiteres Energieeinsparpotenzial bieten sollte.

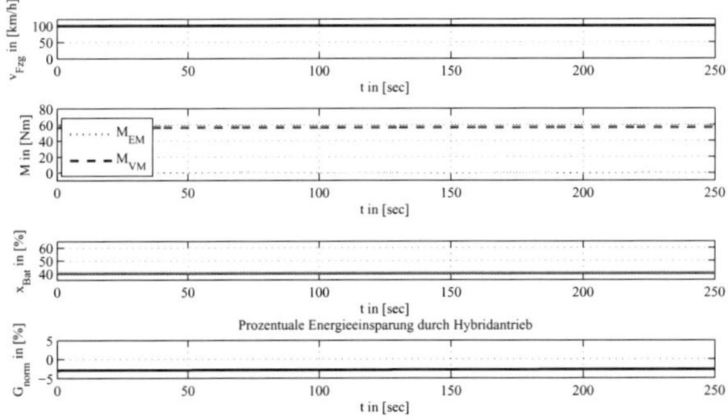

Abbildung 12: Simulationsergebnisse bei Konstantfahrt mit $v_{Fzg} = 100\frac{km}{h}$

5 Zusammenfassung

In diesem Beitrag wurde ein allgemeiner, fahrerorientierter Ansatz für die Softwarestruktur zur Steuerung und Regelung von Kraftfahrzeugantriebssträngen vorgestellt und dieser an dem Beispiel eines Parallelhybridfahrzeugs konkretisiert. Dabei wurde die historisch gewachsene Zuordnung des vom Fahrer bedienten Fahrpedals zu Drosselklappe bzw. Motormoment aufgegeben und eine Zuordnung des Fahrpedals zum Summenvortriebsmoment des Fahrzeugs gemacht. Damit ergibt sich die Möglichkeit einer Entkopplung der Bestimmung des Fahrerwunsches von der Realisierung durch die vorhandenen Antriebsstrangelemente. Die wirkungsgradgünstige Ansteuerung der Motoren und Getriebe wird dabei nicht dadurch behindert, dass beispielsweise das Schaltverhalten des Fahrers nachgebildet werden soll. Mit diesem Ansatz beeinflusst der Fahrer über das Fahrpedal also direkt die Vortriebskraft des Fahrzeugs, die von der Steuerungssoftware zu jedem Zeitpunkt nach dieser Vorgabe realisiert wird.
In Simulationen konnte für das Beispiel Parallelhybridfahrzeug gezeigt werden, dass sich mit diesem Ansatz und einer einfachen Betriebsstrategie zur Verteilung der Momente auf Elektromaschine und Verbrennungsmotor für den NEFZ bereits eine Energieeinsparung von ca. 18% ergibt. Weiteres Potenzial bietet hier sicher die Anwendung komplexerer Verfahren, wie beispielsweise eine Optimerung über die durch das Navigationssystem bekannte, kommende Fahrstrecke. Für den Fahrer ergibt sich dabei - unabhängig von diesem Verfahren der Momentenverteilung zwischen den Motoren und den verwendeten Übersetzungen der Getriebe - reproduzierbar immer die Vortriebskraft, die er mit dem Fahrpedal vorgibt.

Literatur

[1] E. Rebhan, *Energiehandbuch*, Springer-Verlag, Berlin, 2002-2005.

[2] A. Michalka, R. Orend:, *Gesamtkonzept zur Steuerung und Regelung von Fahrzeugen mit Doppelkupplungsgetriebe*, VDI-Berichte Nr. 2029 (VDI-Tagung Getriebe in Fahrzeugen - GIF 2008), VDI-Verlag GmbH, Düsseldorf 2008, S. 247-261.

Extending the Discrete Event Systems Library libFAUDES

Thomas Moor, Sebastian Perk, Klaus Schmidt
Lehrstuhl für Regelungstechnik, Universität Erlangen-Nürnberg
Cauerstraße 7, 91056 Erlangen
E-Mail: thomas.moor@rt.eei.uni-erlangen.de

The C++ library libFAUDES provides an environment for the implementation of algorithms for analysis and synthesis of discrete event control systems. A key feature of the library is a plug-in system for extensions that implement advanced control design methods. In this article, we demonstrate how to make use of the plug-in system to obtain a fully featured library extension with comparatively little extra coding effort.

1 Introduction

libFAUDES is a C++ library that provides an environment to implement algorithms for the analysis and synthesis of discrete event control systems. libFAUDES comes with a stand-alone interpreter `luafaudes` which is based on the scripting language Lua. Thus, no C++ development is required to execute libFAUDES algorithms. We distribute libFAUDES as open source under the terms of the GNU Lesser General Public License (LGPL). We hope that libFAUDES turns out useful for researchers and lecturers in the DES field and explicitly welcome external contributions. The basic structure of libFAUDES and applications is shown in Figure 1.

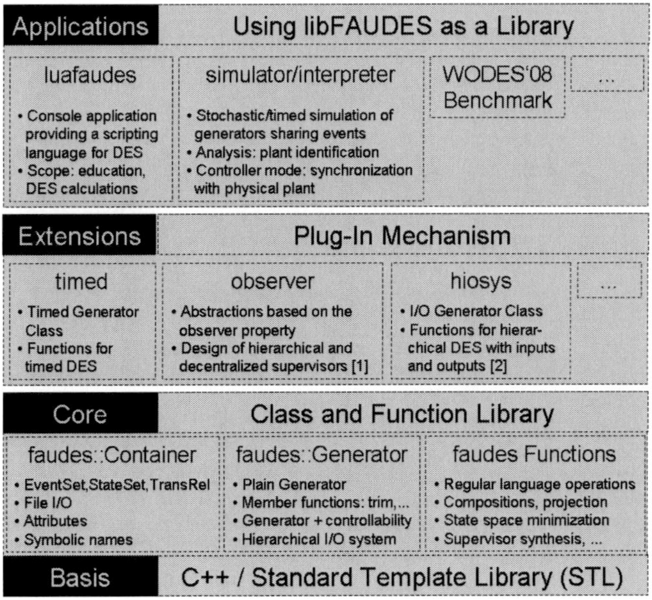

Figure 1: libFAUDES and applications

Technically, the library is built on top of the C++ Standard Template Library (STL) to define container classes for event-sets, state-sets and transition-relations, with elementary access to individual elements via index, symbolic names or iterators. libFAUDES implements human readable file I/O, an exception based input data validation and a number of core functions for basic operations on generators and the corresponding formal languages (union, intersection, closure, projection, etc). Algorithms for standard supervisory controller synthesis as proposed by [5] demonstrate the usage of the library in the target domain. For a deeper introduction to libFAUDES and its C++ API, we refer to the online documentation [9].

In this article, we focus attention on the libFAUDES plug-in system. While you are free to utilize libFAUDES in implementing specialized algorithms as part of a C++ application, the plug-in system offers a path to do so in a more organized manner. Following this path implies some coding restrictions e.g. in how to derive a generator class and in how to declare functions that are relevant to the C++ API. It also imposes certain demands on providing documentation. In turn, the plug-in system enables access of your library extensions via `luafaudes` and nicely integrates the documentation with the core libFAUDES documentation. Furthermore, user interface (UI) relevant classes and functions are registered with the libFAUDES run-time interface (RTI) to support applications that transparently pass on library extensions to the user. Given the benefits, we feel that the additional code required is marginal.

The following sections give a pragmatic documentation of the plug-in system by code snippets from the HioSys plug-in, as distributed with libFAUDES version 2.13a. The plug-in was developed in the context of the second author's PhD project and implements a method for the design of hierarchical I/O discrete event systems [2, 3]. Guided by the example at hand, we demonstrate how to

- derive specialised generator classes (Section 4),
- define additional functions (Section 5),
- integrate C++ API documentation (Section 6),
- introduce UI documentation via the run-time interface (Section 7), and
- introduce relevant lua-bindings (Section 8).

2 Preliminaries: Build-System

libFAUDES C++ sources are POSIX compliant and have been verified to compile on various platforms, incl. Linux, Mac Os X and MS Windows. The standard distribution ships with a configured source code and provides a `Makefile` that supports the following *application developer targets*:

- *default* to compile the library (both shared and static) and utility executables,
- *tutorial* to compile the provided tutorials, and
- *clean* to remove temporary object files.

For library extensions by plug-ins, however, the build-system needs to configure the source tree and generate UI and API documentation. In this step, the build-system currently relies on a number of common Unix tools. For the following *library developer targets* we recommend a Unix-style environment:

- *include* to set-up the overall include directory and to update debugging switches;
- *doc*/*doc-clean* to set up the doxygen and HTML documentation in the `doc` directory (requires doxygen v1.4.4 or above [6]),

- *rti/rti-clean* to set up the libFAUDES RTI (requires gtml/perl [4]),
- *configure* to do an overall configuration (requires SWIG v1.3.36 for the LuaBindings plug-in [7]), and
- *dist-clean* to remove any non-source files.

libFAUDES plug-ins reside in the `plugins` directory and are organized with a particular layout of the source tree. This simplifies the integration of the various bits and pieces with the core library. For the HioSys plug-in we have the following relevant files:

```
plugins/
  hiosys/
    README                       overview on purpose of this plug-in
    Makefile.plugin              makefile to extend the main makefile
    Makefile.tutorial            additional tutorial targets
    src/hio_*.h                  declaration of data-types and functions
    src/hio_*.cpp                definition of data-types and functions
    src/hio_include.h            overall header to include the C++ API
    src/hio_interface.i          Lua bindings (Section 8)
    src/doxygen/faudes_images    images to supplement documentation
    src/doxygen/*.gtml           additional HTML documentation
    src/registry/*.rti           run-time interface definitions (Section 7)
    src/registry/*.gtml          run-time interface documentation (Section 7)
    tutorial/*.cpp               mini applications to illustrate intended usage
    tutorial/*.lua               Lua scripts to illustrate intended usage
    tutorial/data/*              input data to run tutorial
```

By convention, the directory name implicitly defines the libFAUDES plug-in name. Hence, the HioSys plug-in resides in `hiosys`. Since the build system flattens the source tree, all C++ source files should start with a common prefix, which for the HioSys plug-in was chosen as `hio_*`. A side effect is that the alphabetical sorting in the C++ API documentation will not mix up files from different plug-ins.

The `Makefile.plugin` plays a key role in the integration of a plug-in in that it advertises additional sources and supported features to the build-system. Technically, the `Makefile.plugin` is included by the main `Makefile`. To activate a plug-in, extend the make variable FAUDES_PLUGINS in main Makefile by the name of the plug-in, e.g. `FAUDES_PLUGINS+=hiosys`.

Extract from `hiosys/Makefile.plugin`

```
# set up paths for hiosys plugin
HIO_BASE = ./plugins/hiosys
HIO_SRCDIR = $(HIO_BASE)/src
# list source files
HIO_CPPFILES = hio_attributes.cpp hio_constraint.cpp hio_plant.cpp hio_controller.cpp ...
HIO_INCLUDE = hio_include.h
# fix paths
HIO_HEADERS = $(HIO_CPPFILES:.cpp=.h) $(HIO_INCLUDE)
HIO_SOURCES = $(HIO_CPPFILES:%=$(HIO_SRCDIR)/%)
HIO_OBJECTS = $(HIO_CPPFILES:%.cpp=$(OBJDIR)/%.o)
# append my overall include file to libfaudes.h
$(INCLUDEDIR)/$(HIO_INCLUDE): $(HIO_SRCDIR)/$(HIO_INCLUDE)
	cp -pR $< $@
```

```
        echo "#include_\"$(HIO_INCLUDE)\"" >> $(INCLUDEDIR)/allplugins.h
        echo "#define_FAUDES_PLUGIN_HIO" >> $(INCLUDEDIR)/configuration.h
# advertise plugin
SOURCES += $(HIO_SOURCES)
OBJECTS += $(HIO_OBJECTS)
HEADERS += $(HIO_HEADERS)
VPATH += $(HIO_SRCDIR)
# have a tutorial
include $(HIO_BASE)/Makefile.tutorial
```

3 Preliminaries: Faudes-Typed Objects

All non-trivial libFAUDES data-types that are relevant to the API are derived from the universal base class faudes::Type and reside in the namespace faudes. We refer to classes derived from faudes::Type as *faudes-type* and to the respective instances as *faudes-objects*. Any faudes-object is assumed to have a configuration that is characterized by a tuple of defining parameters, typically implemented as member variables. Currently, the base class provides a uniform API to

- reset all defining parameters to default values via Clear();
- read/write all defining parameters from/to strings, files or console via Read()/Write() and FromString()/ToString() respectively;
- construct an object of the same faudes-type on heap via the factory function New().

To simplify the implementation of a faudes-class, the API functions Read(), Write(), FromString() and ToString() invoke the virtual functions DoRead() and DoWrite() to perform the actual reading and writing via TokenReader or TokenWriter objects. The latter provide low-level stream management such as reading and writing elementary data-types (strings, integers, etc) and section labels. By convention, a faudes-type has a default section label that may or may not be overwritten through the API. Optionally, token IO may depend on an explicitly specified context, e.g. reading/writing symbolic names of a set of integers using a symboltable as context.

Overall, when deriving from Type, it is mandatory to reimplement New(), Clear(), DoRead() and DoWrite(). In order to obtain a fully operational faudes-type, you should also assure that the copy constructor and and the assignment operator are functional. The below example sketches how to introduce a faudes-type with an integer and a string parameter.

Deriving from faudes::Type

```
class MyClass : public Type {
public:
  MyClass(void) : Type(), mParameter1(0), mParameter2("") {};
  MyClass* New(void) { return new MyClass();};
  Clear(void) { mParameter1=0; mParameter2="";};
  int mParameter1;
  std :: string mParameter2;
protected:
  void DoWrite(TokenWriter& rTw,const std:: string & rLabel="", const Type* pContext=0) const {
     std :: string label=rLabel;
     if( label=="") label="MyClass";
     rTw.WriteBegin( label );
```

```
    rTw.WriteInteger(mParameter1);
    rTw.WriteString(mParameter2);
    rTw.WriteEnd(label);
  }
  void DoRead(TokenReader& rTr, const std::string & rLabel="", const Type* pContext=0);
    std::string label=rLabel;
    if(label=="") label="MyClass";
    rTr.ReadBegin(label);
    mParameter1=rTr.ReadInteger();
    mParameter2=rTr.ReadString();
    rTr.ReadEnd(label);
  }
}
```

4 Data-Types for I/O Discrete Event Systems

According to the formal definition [2], I/O discrete event systems are formal languages over an alphabet that is a disjoint union of input and output events for one or two I/O ports. In an software implementation, we will assume the language to be regular and thus represent it by a generator with a finite state set. In order to demonstrate how to derive appropriate faudes-types for I/O systems, we focus attention on I/O plants. In this case, the alphabet is composed by $\Sigma = U_\mathrm{p} \cup Y_\mathrm{p} \cup U_\mathrm{e} \cup Y_\mathrm{e}$.

The base class of all libFAUDES generators is the vGenerator with core members for event set, state set and transition relation. To model the disjoint union construct, we use libFAUDES attributes that can optionally be attached to each set element. The base class for all libFAUDES attributes is the faudes-type AttributeVoid, with the commonly used derived class AttributeFlags for boolean attributes. Note that any class derived from AttributeVoid must constitute a fully functional faudes-type. In addition, it is recommended to implement the default test IsDefault() to optimize token IO.

The HioSys plug-in uses AttributeFlags, which already fulfills the above requirements. It derives HioEventFlags to add convenience access to specific flags and reimplements DoRead() and DoWrite() for mnemonic token IO (as opposed to hexadecimal numbers).

Extract from `hiosys/src/hio_attributes.h`

```
class HioEventFlags : public AttributeFlags {
public:
  // constructors / destructor
  HioEventFlags(void) {mFlags=mDefaultHIOFlags;}
  virtual ~HioEventFlags(void);
  HioEventFlags* New(void) const { return new HioEventFlags(); };
  // test for default
  bool IsDefault(void) const {return mFlags==mDefaultHIOFlags;};
  // access to U property
  void SetU(void) { mFlags |= mUFlag; }
  void ClrU(void) { mFlags &= ~mUFlag; };
  bool IsU(void) const {return ( (mFlags & mUFlag) != 0 ); }
  // access to Y, P and C property
  ...
```

```
  // flag masks for the event properties
  const static fType mUFlag =0x01;
  const static fType mYFlag =0x02;
  ...
private:
  // overall default value
  const static fType mDefaultHIOFlags =0x00;
protected:
  // token io
  void DoRead(TokenReader& rTr, const std:: string & rLabel="", const Type* pContext=0);
  void DoWrite(TokenWriter& rTw,const std:: string & rLabel="", const Type* pContext=0) const;
};
```

As a consequence of conditions imposed on the actual dynamic bahaviour of an I/O system, [3] derives a disjoint-union decomposition of the state set. A corresponding attribute class HioStateFlags is defined in analogy to HioEventFlags.

The libFAUDES generator class vGenerator provides an anonymous interface to event, state and transition attributes in that it casts the actual type to AttributeVoid. The aGenerator, in contrast, takes attribute types as template parameters and thus can be used to define generator classes that are aware of their attribute type. This path is chosen to derive the class HioPlant, see Figure 2.

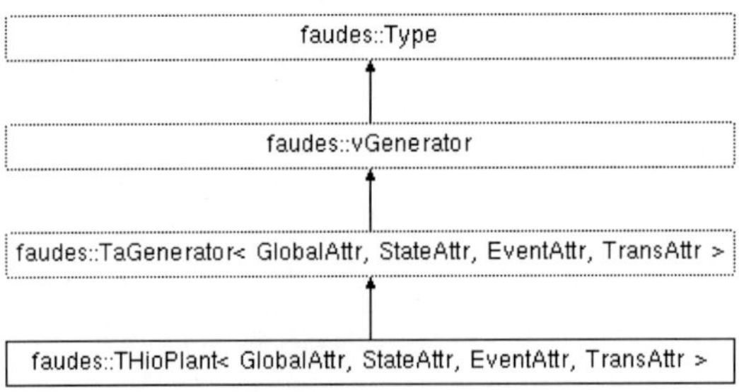

Figure 2: Inheritance diagram for THioPlant

To allow for further extensions, we first derive the class template THioPlant with attribute template parameters and then define the HioPlant by a C++ typedef.

Extract from `hiosys/src/hio_plant.c`

```
template <class GlobalAttr, class StateAttr, class EventAttr, class TransAttr>
class THioPlant : public TaGenerator<GlobalAttr, StateAttr, EventAttr, TransAttr> {
public:
  // constructors / destructor
  THioPlant(void);
  THioPlant(const vGenerator& rOtherGen);
  THioPlant(const std:: string & rFileName);
  virtual ~THioPlant(void);
  // assignment
  virtual THioPlant& operator= (const THioPlant& rOtherGen);
  virtual THioPlant& operator= (const vGenerator& rOtherGen);
```

```
  // convenience access to event properties: Yp
  void InsYpEvent(Idx index);
  Idx InsYpEvent(const std::string& rName);
  void SetYp(Idx index);
  void SetYp(const std::string& rName);
  void SetYp(const EventSet& rEvents);
  bool IsYp(Idx index) const;
  bool IsYp(const std::string& rName) const;
  EventSet YpEvents(void) const;
  // convenience access to event properties: Up, Ue and Ye properties
  ...
  // convenience access to state properties: QYpYe
  void SetQYpYe(Idx index);
  void SetQYpYe(const StateSet& rStates);
  void ClrQYpYe(Idx index);
  void ClrQYpYe(const StateSet& rStates);
  bool IsQYpYe(Idx index) const;
};
// convenience typedef for std HioPlant
typedef THioPlant<AttributeVoid, HioStateFlags, HioEventFlags, AttributeVoid> HioPlant;
```

5 Functions for I/O Discrete Event Systems

Functions are declared and defined as plain C++ functions and thus do not require special considerations. For functions that are meant to be part of the C++ API, it is recommended to refer to faudes-types only. Furthermore, to integrate with the RTI, Section 7, the functions should come in a variant that passes results via reference arguments rather than C++ return value.

In [3], we outline a method for the design of hierarchical I/O systems that benefits from an alternation of controller synthesis and closed-loop abstraction. It makes use of common algorithms from DES theory such as the realization of a supremal controllable sublanguage as well as more exotic tasks like the testing for of so called *Yc-liveness* in closed-loop systems. The HioSys plug-in provides helper and maintenance functions to support the design method, as well as a ready-to-go solution. We give two examples of HioSys functions declarations.

The IsIoPlantForm() function tests whether a specified HioPlant indeed exhibits dynamics that comply to the formal definition [2]. We define the function with a natural C++ API which returns the result on the stack as well as in a standardized form with arguments only. Note that the implementation alters the argument's state attributes, which therefore cannot be declared const.

Extract from `hiosys/src/hio_plant.h`

```
bool IsIoPlantForm(HioPlant& rHioPlant);
void IsIoPlantForm(HioPlant& rHioPlant, bool& rRes);
```

The function HioSynthHierarchical() performs the synthesis of an I/O controller as outlined in [2, 3]. The plant is an I/O-shuffle of multiple components. All parameters except the resulting controller are declared const to avoid local copies of the potentially memory intensive objects.

Extract from `hiosys/src/hio_functions.h`

```
void HioSynthHierarchical(
  const HioPlant& rIoShuffle, const HioEnvironment& rEnvironment, const HioPlant& rSpec,
  const vGenerator& rIntConstr, const HioConstraint& rSc, const HioConstraint& rSl,
  HioController& rController);
```

6 C++ API Documentation

The newly introduced faudes-types and functions constitute the C++ API of a plug-in. Since the core library uses doxygen to generate HTML documentation of its C++ API, it is a natural choice to do the same for plug-ins. In this section we give some hints on how to nicely integrate a plug-in C++ API. For general information on doxygen see [6].

libFAUDES defines a so called *doxygen group* AllPlugins which can be accessed via the libFAUDES HTML documentation `libfaudes/doc/index.html`. To have the HioSys plug-in to participate in the respective section, it declares a doxygen group HioSysPlugIn and defines it to be within group AllPlugins. The group HioSysPlugIn becomes the introduction page to the HioSys C++ API documentation. It gives a short overview on the purpose of the plug-in together with copyright and licensing information. By convention, we place the introduction page in the overall include file `hio_include.h`:

Extract from `hiosys/src/hio_include.h`

```
/**
@defgroup HioSysPlugIn Hierarchical I/O Systems PlugIn
@ingroup AllPlugins
@section HioSysOverview Overview
This plugin offers data structures and algorithms for ... etc
@section HioSysLicense License
The HioSys plug-in is distributed under the terms of ... etc
@section HioSysContents Contents
*/
```

All API relevant classes and functions should be defined to be within group HioSysPlugIn in order to appear as an index in the section HioSysContents on the introduction page. If required, the doxygen grouping can be set up to produce a hierarchy of groups, e.g. individual groups for types, functions and advanced features. Of course, API relevant classes and functions should have doxygen compliant comments:

Extract from `hiosys/src/hio_plant.h`

```
/**
Test whether rHioPlant is in I/O-plant form.
IsIoPlantForm implements the algorithm given in ... etc
@param rHioPlant plant to check, HioStateFlags are set
@return true if rHioPlant is in I/O-plant form
@ingroup HioSysPlugIn
*/
bool IsIoPlantForm(HioPlant& rHioPlant);
```

It is good practice to further illustrate the C++ API by tutorials and to locate them in `hiosys/tutorial/`. The HioSys plug-in provides small C++ programs to demonstrate the intended use of faudes-types and functions by solving a controller synthesis problem with the method proposed in [3]. To have any tutorials listed in the tutorials section of the C++ API documentation, they have to be within group Tutorials. We also direct doxygen to include the actual source.

Example tutorial

```
/** @file hio_1_test.cpp Tutorial, I/O plant test.
This tutorial demonstrates ... etc
@ingroup Tutorials
@include hio_1_test.cpp
*/
#include "libfaudes.h"
int main() {
  // test for io plant property
  HioPlant g("data/plant.gen");
  return IsIoPlantForm(g) ? 0 : 1;
}
```

By convention, input data for the tutorials resides in `hiosys/tutorial/data/`. If running a tutorial writes any output files, it should create such files as `hiosys/tutorial/tmp_*`. This allows the build-system to keep the source tree tidy.

The build system collects all files from `plugins/*/src/doxygen/faudes_images/*` and places them in `doc/faudes_images`. Thus, in the case your API documentation illustrates its algorithms by graphical examples, you may generate the latter by a tutorial and place the image files in the above directory; see e.g. the Observer plug-in and the core library tutorial.

7 Run-Time Interface

libFAUDES provides a registry for faudes-types and functions as a basis for applications that transparently pass on libFAUDES extensions to the user; see C++ API reference, Section Run-Time Interface (RTI) for technical details. The build system aims to minimize the effort that is required for a plug-in to participate in the RTI.

The below type-definition introduces the faudes-type HioPlant to the registry. Technically, it maps the C++ type HioPlant to the faudes-type name 'HioPlant', provides a brief explanation and a reference to a detailed HTML documentation. By convention, the keyword list contains the key 'HioSys PlugIn' to indicate the corresponding plug-in.

Extract from `hiosys/src/registry/hio_definitions.h`

```
<TypeDefinition>
"HioPlant" +faudes::HioPlant+
<TextDoc> "Generator_with_I/O-plant_state_and_event_ attributes " </TextDoc>
<HtmlDoc> " hiosys_plant .html#plant" </HtmlDoc>
<Keywords> "HioSys_PlugIn" "plant_model" "generator" </Keywords>
</TypeDefinition>
```

In analogy, a function-definition introduces a function to the RTI. The function is then referred to as *faudes-function*. In addition to a type-definition, a function-definition must declare the function's signature, i.e. names and types of the positional parameters and flags to indicate whether the respective parameter is an input (+In+), output (+Out+) or both (+InOut+). Note that each parameter must be of a type known to the registry. A single faudes-function may implement multiple signatures.

Extract from `hiosys/src/registry/hio_definitions.rti`

```
<FunctionDefinition>
"IsIoPlantForm" + faudes::IsIoPlantForm +
<TextDoc> "Test whether an HioPlant indeed exhibits compatible I/O dynamics" </TextDoc>
<HtmlDoc> " hiosys_test .html#IsIoPlantForm" </HtmlDoc>
<Keywords> "HioSys PlugIn" "plant model" "generator" "io form" </Keywords>
<VariantSignatures>
<Signature>
"IsHioPlantForm(GArg,BRes)"
"GArg" "HioPlant"   +In+
"BRes" "Boolean"   +Out+
</Signature>
</VariantSignatures>
</FunctionDefinition>
```

The referenced HTML documentation must be provided in `hiosys/src/registry/`; the HioSys plug-in provides numerous HTML pages, one of them providing an overview `hiosys/src/registry/hiosys_index.gtml`. Note that, by convention, each plug-in that participates in the RTI must provide exactly one such index file named as indicated. To facilitate documentation, the build-system pre-processes any HTML code given as `*.gtml` files by the perl script `gtml`; see [4]. Using `gtml`, you only have to provide the HTML core, while the pre-processor generates the corresponding `*.html`-files attaching a header, some navigation facilities, and a footer.

Extract from `hiosys/src/registry/hiosys_index.gtml`

```
<h1>HioSys Plugin</h1>
<p>The HioSys plug−in addresses ... etc</p>
...
<<FUNCTIONBEGIN(IsIoPlantForm)>>
<<DETAILS>>
<p>More text ... etc.</p>
<<CONDITIONS>>
<p>Arguments must be such that ... etc</p>
<<FUNCTIONEND>>
...
```

The `gtml`-macros FUNCTIONBEGIN, DETAILS, CONDITIONS, FUNCTIONEND are used by the build-system to fill in appropriate headings and signature information.

The libFAUDES build-system expects RTI related files to be advertised via Makefile.plugin. For the HioSys plug-in, we announce one `*.rti` file and numerous `*.gtml` files by appending the following lines to Makefile.plugin:

Extension of `hiosys/Makefile.plugin`

```
# introduce sources
HIO_RTIDEFS = hio_definitions . rti
HIO_RTIGTML = hiosys_index.gtml hiosys_plant . gtml  ...  etc
# advertise sources
RTIPLUGINS += hiosys
RTIDEFS    +=  $(HIO_RTIDEFS:%=$(HIO_SRCDIR)/registry/%)
RTIGTML    +=  $(HIO_RTIGTML:%.gtml=hiosys/%.html)
RTIHTML    +=  $(HIO_RTIGTML:%=$(HIO_SRCDIR)/registry/%)
```

8 Lua-Bindings

The LuaBindings plug-in provides access to faudes-types and functions from the scripting language Lua; see [8]. In principle, we could extract the necessary type information from the RTI to minimize the additional code required. However, within the scripting environment we prefer a more detailed access to faudes-objects (e.g. iteration over state sets). Fortunately, the tool SWIG generates the required wrapper code automatically from so called *interface definition files*. The latter basically consist of a copy of the relevant C++ definitions plus additional directives to control the code generation. SWIG is a highly involved project and still under active development, see [7] for further information. A typical interface file for a libFAUDES plug-in consists of

- a preface to include libFAUDES headers and core library interfaces,
- interfaces to faudes-types (e.g. HioPlant),
- interfaces to functions (e.g. HioSynthHierarchical()),
- entries to the mini help system (not covered in this document)

Extract from `hiosys/src/hio_interface.i`

```
// SWIG module name, must (!) match libFAUDES plug-in name
%module hiosys
// Load std SWIG includes
%include < std_string . i>
%include <std_except. i>
// Import core faudes interface incl macros
%import "corefaudes. i"
// Extra C code in wrapper file to include libFAUDES headers
%{
// include relevant faudes headers
#include "corefaudes .h"
#include "hio_include .h"
using namespace faudes;
%}

// HioPlant: define attribute members as a SWIG macro
%define SwigTHioPlantMembers(GEN,G_ATTR,S_ATTR,E_ATTR,T_ATTR)
  // Event attributes : Up
  void InsUpEvent(Idx index );
  Idx InsUpEvent(const std :: string & rName);
```

```
  void SetUp(Idx index);
  void SetUp(const std::string& rName);
  void SetUp(const EventSet& rEvents);
  bool IsUp(Idx index) const;
  bool IsUp(const std::string& rName) const;
  EventSet UpEvents(void) const;
  // Other event/state attributes: analogous
  ...
%enddef
// HioPlant: template definition
template <class GlobalAttr, class StateAttr, class EventAttr, class TransAttr>
class THioPlant : public vGenerator {
public:
  // Import TaGenerator interface: constructors
  SwigTaGeneratorConstructors(THioPlant, GlobalAttr, StateAttr, EventAttr, TransAttr);
  // Introduce additional constructor
  THioPlant(const vGenerator&, const EventSet& rYp, const EventSet& rUp,
    const EventSet& rYe, const EventSet& rUe);
  // Import TaGenerator members not inherited from vGenerator
  SwigTaGeneratorMembers(THioPlant,GlobalAttr,StateAttr, EventAttr, TransAttr);
  // Include THioPlant members not inherited from TaGenerator
  SwigTHioPlantMembers(THioPlant,GlobalAttr,StateAttr, EventAttr, TransAttr);
};
// HioPlant: resolve template to announce HioPlant class to swig
%template(HioPlant) THioPlant<AttributeVoid, HioStateFlags, HioEventFlags, AttributeVoid>;
typedef THioPlant<AttributeVoid, HioStateFlags, HioEventFlags, AttributeVoid> HioPlant;

// Function definitions: plain copy of C++ API definition
bool IsIoPlantForm(
  HioPlant& rHioPlant, std::string& OUTPUT);
void HioSynthHierarchical(
  const HioPlant& rIoShuffle,
  ... );
```

The interface file is introduced to the build-system by adding the below definitions. Note that the prefix LBP refers to the LuaBindings plug-in.

Extension of `Makefile.plugin`

```
LBP_INTERFACES += $(HIO_SRCDIR)/hio_interface.i
LBP_LUAMODULES += hiosys
```

To trigger the re-build of the lua-bindings, run the main makefile with targets *luabindings-clean* and *luabindings-prepare* (both are implied by the overall configuration target *configure*). This requires SWIG v1.3.16 to be installed on your system. The libFAUDES archive provides a copy for convenience, however, installation is required.

It is good practice to supply comprehensive Lua scripts in the tutorial directory that illustrate the intended usage of the plug-in's Lua interface. The HioSys plug-in provides Lua scripts that parallel the C++ API tutorials.

9 Conclusions

In this article, we have presented the libFAUDES plug-in system by giving an outline on the tasks required to integrate the HioSys plug-in with the core library. We feel that the benefits from a fully integrated plug-in such as file IO, access from Lua scripts and online documentation are worth the extra effort. Work in progress promises further benefits in using the run-time interface to set up a graphical editor for generators and scripts with only minimal additional code required to pass on library extensions to the user. A preview of the libFAUDES GUI as seen in Figure 3 is available from [9].

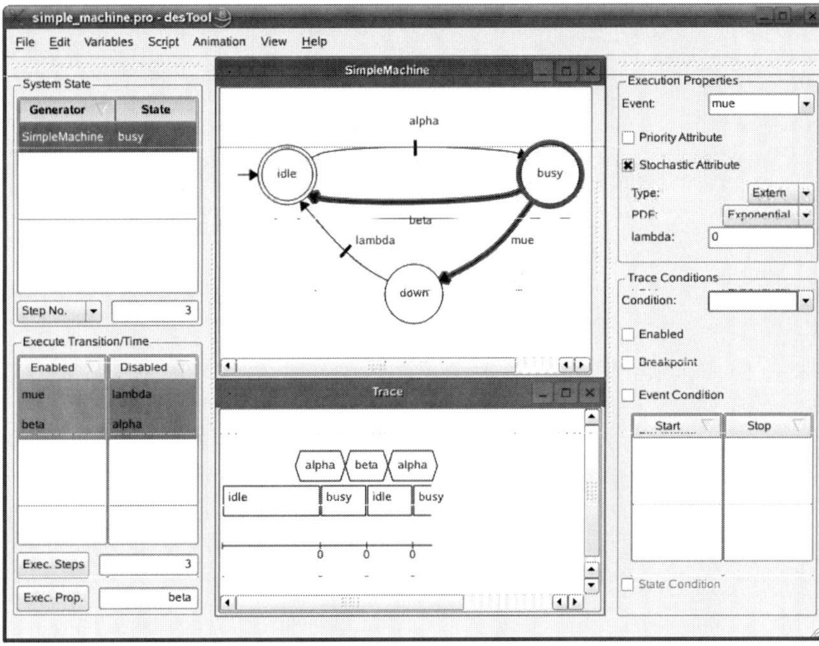

Figure 3: libFAUDES GUI

Acknowledgement: the authors acknowledge a substantial amount of code, bug-reports and suggestions contributed to libFAUDES by students at LRT: Tobias Barthel, Ruediger Berndt, Christian Breindl, Christoph Doerr, Marc Duevel, Norman Franchi, Jochen Hellenschmidt, Mihai Musunoi, Bernd Opitz, Irmgard Petzoldt, Thomas Rempel, Daniel Ritter, Berno Schlein, Matthias Singer, Thomas Wittmann, Jorgos Zaddach.

References

[1] K. Schmidt, T. Moor and S. Perk, *Nonblocking Hierarchical Control of Decentralized Discrete Event Systems*, IEEE Transactions on Automatic Control, 53(10):2252-2265, 2008.

[2] S. Perk, T. Moor and K. Schmidt, *Hierarchical discrete event systems with inputs and outputs*, WODES 2006 - 8th International Workshop on Discrete Event Systems, Ann Arbor, USA, 2006.

[3] S. Perk, T. Moor and K. Schmidt, *Controller Synthesis for an I/O-Based Hierarchical System Architecture*, WODES 2008 - 9th International Workshop on Discrete Event Systems, Goeteborg, Sweden, 2008.

[4] G. Perera et al, *GTML - an HTML pre-processor*, http://gtml.sourceforge.net, as of Feb 2009.

[5] P.J. Ramadge, W.M. Wonham, *Supervisory Control of a Class of Discrete-Event Processes*, SIAM Journal of Control and Optimization, 25(1):206-230, 1987.

[6] D.v. Heesch et al, *doxygen - Source code documentation generator tool*, http://www.doxygen.org, as of Feb 2009.

[7] D.M. Beazley et al, *SWIG - Simplyfied Wrapper and Interface Generator*, http://www.swig.org, as of Feb 2009.

[8] R. Ierusalimschy et al, *The Programming Language Lua*, http://www.lua.org, as of Feb 2009.

[9] T. Moor, K. Schmidt, S. Perk, *libFAUDES - Friedrich-Alexander University Discrete Event Systems Library*, http://www.rt.eei.uni-erlangen.de/FGdes/faudes, as of Feb 2009.